초등
글쓰기 /
비밀수업

바른 교육 시리즈 ❷
아이의 생각과 감정을 열어주는 글 선생의 진짜 글쓰기 비법

초등 글쓰기 비밀수업

초판 1쇄 발행 2019년 4월 10일
초판 8쇄 발행 2023년 5월 31일

지은이 권귀헌

대표 장선희 **총괄** 이영철
기획편집 현미나, 한이슬, 정시아
디자인 김효숙, 최아영 **외주디자인** 임현주
마케팅 최의범, 임지윤, 김현진, 이동희
경영관리 이지현

펴낸곳 서사원 **출판등록** 제2021-000194호
주소 서울시 영등포구 당산로 54길 11 상가 301호
전화 02-898-8778 **팩스** 02-6008-1673
이메일 cr@seosawon.com
네이버 포스트 post.naver.com/seosawon
페이스북 www.facebook.com/seosawon
인스타그램 www.instagram.com/seosawon

ⓒ 권귀헌, 2019

ISBN 979-11-965330-5-2   13590

서사원은 독자 여러분의 책에 관한 아이디어와 원고 투고를 설레는 마음으로 기다리고 있습니다.
책으로 엮기를 원하는 아이디어가 있는 분은 이메일 cr@seosawon.com으로 간단한 개요와 취지,
연락처 등을 보내주세요. 고민을 멈추고 실행해 보세요. 꿈이 이루어집니다.

바른 교육 시리즈 ❷

아이의 생각과
감정을 열어주는

글 선생의
진짜 글쓰기
비법

초등 글쓰기 비밀수업

권귀헌
지음

서사원

글짓기가 아닌 글쓰기를 선물하라

"지우개 가져와."

저는 심각한 표정으로 엄마의 행동을 묘사합니다. 한 손에는 공책을 들고 다른 한 손으로는 지우개를 쥔 것처럼 쓱쓱 지우는 시늉을 하죠. 어린이 글쓰기 지도법을 강의할 때 이 대목에서 웃지 않는 엄마는 없습니다. 그런데 그 웃음의 분위기가 사뭇 진지합니다. 그동안 잘못하고 있었다는 깨달음과 반성 위에서 피어났기 때문이죠.

아이의 일기장을 본 엄마는 기가 찹니다. 일단 양이 부족해 성의가 없어 보이고 글씨까지 삐뚤빼뚤하니 도저히 그냥 넘어갈 수가 없습니다. 말도 앞뒤가 하나도 맞지 않네요. 답답합니다. 담임 선생님이 이걸 본다면 분명 아이에게 관심이 없는 엄마로 도장 찍힐 게 뻔합니다. 몇 번의 지적에도 바뀌지 않는 아이의 글을 보며 크게 한숨을 쉽니다. 그리곤 이내 날카로운 비수를 날리는 거죠. "지우개 가져와."

"현관문에 걸어 놨대."

2015년 3월부터 수감생활을 시작한 저는 빛도 잘 들어오지 않는 컴컴한 집에서 하루의 대부분을 보냈습니다. 유일하게 빛을 보는 시간은 큰 녀석 등하교를 함께할 때와 둘째를 어린이집에 데려다주고 다시 데려올 때였습니다. 고층 아파트 단지의 1층이라 빛이 드는 시간이 짧았습니다. 생후 2개월 된 막내를 24시간 지켜야 했습니다. 그렇습니다. 집은 창살 없는 감옥이었습니다.

이때, 아이 셋 키우는 남자의 처지를 가볍게 넘기지 않은 이들이 있었으니. 바로 큰 아들 친구의 엄마들이었습니다. 마땅한 반찬이 없어 끼니를 해결하기 애매한 날이면 어김없이 잡채, 불고기, 깻잎, 파김치 등을 현관문에 걸어 놓고 가셨죠. 대단한 것은 아니었지만 그때 그보다 대단한 건 없었습니다. 매번 얻어먹기만 할 수는 없어서 어떻게 보답할까 고민하다가 친구들을 불러 모아 글쓰기 수업을 시작했습니다.

그렇게 시작된 수업이 어느덧 3년 차에 접어들었습니다. '작가의 독특한 수업'이 입소문을 타 한때는 서른 명 가까이 수업을 받았지만 지금은 아들과 몇몇 친구만 '성은'을 입고 있습니다. 이 책이 '잡채, 불고기, 깻잎, 파김치'에서 비롯되었다면 과장일까요?

"설사는 어떻게 할까?"

제 수업의 첫 번째 목표는 글쓰기에 대한 장벽을 없애는 것이었습니다. 어떤 이유인지 정확하진 않지만 아이들은 뭔가를 쓰는 자체를 싫어하거든요. 그래서 최대한 재밌고 유쾌하게 진행했습니다. 부담될 일은 시도하지 않았습니다. 재밌는 놀이를 개발하고 저 또한 함께 글을 쓰고 발표했습니다. 3개월쯤 지나자 아이들은 서서히 변하기 시작했습니다. 글을 갖고 놀며 일상에서 건져 올린 자신의 생각과 감정을 거침없이 글로 풀어냈죠. 놀라웠습니다.

아이들의 글을 볼 때마다 매번 놀랐지만 여기에서는 우선 하나만 소개하겠습니다. 다섯 단어로 한 편의 글을 쓰는 미션을 해결하던 어느 날, 한 친구가 해결해야 할 단어는 '설사, 사탕, 도둑, 오렌지, 타이어'였습니다. 무작위로 선정된 다섯 단어. 상관관계를 찾아볼 수 없는 이 단어 다섯 개로 어떤 글을 써낼까? 저는 특히 '설사'를 어떻게 해결할지 궁금했습니다. 평소 쓰지 않는 단어, 무관한 단어의 조합으로 글을 쓰려면 글이 어느 정도 길어져야 합니다. 또 매끄럽게 연결하려면 상상력을 발휘해야 하죠. 그런데 이 친구는 단 한 문장으로 끝냈습니다. 바로 이렇게요.

"먹으면 설사를 하게 되는 오렌지 맛 사탕을 훔쳐 먹은 도둑이 차를 타고 도망가다 타이어에 펑크가 났다."

놀랍지 않나요? 이 친구는 새로운 제품을 하나 만든 겁니다. 먹으면 설사를 하는 오렌지 맛 사탕! 이 사탕이 20년 뒤에는 아이폰, 페이스북, 드론, 무인자동차, AI 같은 혁신적인 콘텐츠로 이어질 거라 믿습니다.

아이들의 상상력은 상상을 초월합니다. 또 쓰고 싶은 것을 쓰도록 멍석을 깔아주면 진심이 담긴 글을 써냅니다. 작가인 제가 훔치고 싶은 표현도 어렵지 않게 만들어냅니다. 경계심 많던 아이가 나무, 풀, 꽃과 이야기를 할 정도로 말랑해집니다. 질문이 많아지고 궁금한 걸 숨기지 않습니다.

이 책은 그 수업에 관한 기록입니다. 더불어 글쓰기의 본질과 기능을 쉽게 이해하도록 필요한 지식을 담았습니다. 또 경험에서 도출한 글쓰기 지도법을 소개했습니다. 가정에서 혹은 소규모 수업에서 바로 적용할 수 있는 구체적인 방법도 제시하고 있습니다. 모두에게 정답이 되긴 어렵더라도 어느 가정, 어떤 아이에게는 글쓰기에 대한 고민을 해소하는 데 보탬이 되리라 확신합니다.

아이들에게 글짓기를 강요하지 마세요. "지우개 가져와" 하며 함부로 문장을 지울 때 아이들은 글쓰기가 아닌 글짓기를 시작합니다. 자신의 생각과 감정을 그대로 쓸 수 있도록, 그래도 괜찮다, 아니 그래야 한다고 용기를 심어줘야 합니다. 글쓰기는 표현을 넘어 사유 그 자체입니다. 어릴 때부터 스스로 생각하는 습관을 길러야 합니다. 자기 생각을 만들어가야 합니다. 아이들에게 글짓기가 아닌 글쓰기를 선물하세요!

아무쪼록 글쓰기를 더 이상 두렵고 귀찮은 숙제로 인식하지 않길 바랍니다. 그 하나만 생각하며 이 책을 썼습니다. 아이들이 자신의 생각과 감정을 알아가면서 더 깊고 단단한 생각을 만들었으면 합니다. 글쓰기를 자연스럽게 친구로 만들면 좋겠습니다.

2019년 3월
아이들과 떡볶이를 만들어 먹으며
글 선생 권귀헌

차례

2교시 글놀이로 손목을 풀어주자

3교시 마음껏 꺼내고 풀어내자

4교시 지우개를 버리자

은근히 쓰게 되는 비밀수업

목요일 오후 2시. 어린이 네 명이 떡볶이 집으로 하나둘 모여든다. 도착하는 대로 노트를 꺼내 메모를 시작한다. 아이들은 콧등에 땀이 송골송골 맺혔지만 신경도 안 쓰고 써내려 간다.

아주머니 파마머리. 테이블 3개. 둥근 테이블. 의자 4개. 중학생 언니 3명이 좀 시끄럽다. 아직 아무도 안 왔다.

아이들은 메모를 하면서도 날씨, 학교, 수업, 누군지 모를 친구 이야기로 분주하다. 얼마 뒤 떡볶이가 나오고 아이들은 수저를 놓고, 단무지를 나르고, 떡볶이와 순대, 튀김 등을 옮긴다. 먹으면서도 뜨겁다, 더 매웠으면 좋겠다, 난 매운 거 안 좋아한다, 우리 아빠는 매운 거 진짜 좋아한다 따위의 얘기를 주고받는다.

2시 40분. 일당은 인근 아이스크림 가게로 향한다. 취향대로 주문

한 아이스크림을 손에 들고 다시 자리에 앉는다. 다른 한 손에는 지난주에 쓴 글과 피드백이 들려 있다. 아이들은 선생님의 러브레터(감상평)를 먼저 읽고 첨삭을 보며 자신의 원고지를 수정한다. 고친 글을 발표한 뒤에는 끝말잇기, 그림 그리기 등 간단한 놀이를 한다.

3시. 아이들은 오늘 함께한 일을 원고지에 옮긴다. 원한다면 지난 주말에 동해로 여행 갔던 이야기를 써도 좋다. 뭘 쓸지는 자신이 결정한다. 순식간에 원고지 서너 장을 쓴 아이들은 두 번씩 다시 읽어보고 몇 군데를 고친 다음 선생님께 제출한다. 먼저 쓴 친구는 필사노트를 쓰며 시간을 보내고 있다.

장벽부터
걷어내자

방학숙제,
이것만 없으면 좋겠다!

글을 써야 하는 시대다. 머릿속이 정리되지 않으면 자기만의 생각을 키워갈 수 없다. 지식 습득을 넘어 창조하는 사람만이 가치를 인정받을 수 있다. 오직 글을 쓰는 행위로만 깊고 다양하게 사고할 수 있다. 창조와 융합은 거기에서 나온다. 그러므로 쓸 수 없는 사람은 자신의 쓸모를 찾기 어려울 것이다.

글을 쓴다는 건 약술형 문제를 풀 듯 질문에 한두 문장으로 답을 다는 게 아니다. 적어도 서너 문단으로 이뤄진 한 편의 글을 작성하는 것, 그게 바로 글쓰기이다. 머릿속에서 생각 덩어리를 만드는 과정, 그리고 그걸 꺼내 대중에게 보여주는 과정이 바로 글쓰기이다.

그런데 이게 결코 쉽지 않다. 글을 쓰는 일은 하얀 종이를 가늘고 작은 글씨로 까맣게 채우는 일이다. 부담스럽고 재미가 없다. 쓸 말이 떠오르지 않으면 지식과 기억을 더듬어야 하는 고된 노동이다. 게다가 연필을 잡은 지 얼마 되지 않은 아이들은 몇 분만 글을 써도 손이 아파온다. 나도 그랬고 대부분의 독자도 그랬을 것이다. 돌아보면 글쓰기가 즐거웠던 기억이 별로 없다.

글쓰기의 출발은 보통 일기이다. 대부분의 아이들은 초등학생이 되면서 하루를 정리하는 글을 끼적이기 시작한다. 공부한 걸 정리해서 쓰거나 특정인을 언급하며 감사일기를 쓰기도 한다. 지역이나 학교에 따라 차이는 있지만 결국 자신의 생각이나 감정을 글로 옮겨 하나의 스토리를 완성해야 한다.

문제는 글쓰기의 출발이 되는 일기를 아이들이 좋아하지 않는다는 것이다. 일단 누군가에게 자신의 속마음을 보여줘야 한다는 부담이 있다. 아이들에게 일기는, 혼자 덩그러니 앉아 딱히 쓸 말이 없어도 써야 하는 과제, 고된 창조 작업 뒤에 달갑지 않은 검사까지 받아야 하는 정신노동이다.

게다가 피드백을 주고받는 과정은 일방적인 지침하달로 끝나는 경우가 많다. 어른들에게 '지도'는 곧 '지시'와 같기 때문이다. 아이들이 영혼 없는 일기를 쓰며 글쓰기의 첫 단추를 잘못 끼우는 건 모두 어른의 잘못이다.

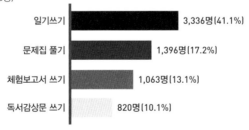

● **방학숙제 이것만 없었으면?**
(초등 응답자 8,118명)

출처: 에듀모아(09. 12. 25.)

일기쓰기 3,336명(41.1%)
문제집 풀기 1,396명(17.2%)
체험보고서 쓰기 1,063명(13.1%)
독서감상문 쓰기 820명(10.1%)

초등 글쓰기
비밀수업

글쓰기가 필요하면
쓰게 되지 않을까?

연필심으로 칸을 채우던 아이는 금세 고등학생이 된다. 글 쓸 일이 많고 글의 영향력도 크다. 2018년 기준, 우리나라 고등학생의 77.2%가 대학에 진학하는데 이 과정에서 필요한 게 바로 자기소개서와 논술이다.

1 고교시절, 학업에 기울인 노력과 학습경험을 기술해주세요.
2 고교시절, 의미를 두고 노력했던 교내활동을 3개만 기술해주세요.
3 고교시절, 배려, 나눔, 협력, 갈등 관리 등을 실천한 사례를 기술해주세요.

짐작한 바대로, 이 세 가지 질문은 대학에서 요구하는 자기소개서의 공통문항이다. 특히 '배우고 느낀 점'을 중심으로 자신을 보여주라고 하니 어른에게도 쉽지 않은 주제이다. 써야 하는 글의 수준이 높아진 만큼 글쓰기에 대한 부담도 커진다. 멋모르고 쓸 때는 칸이라도 채웠지만 이젠 그마저도 어렵다.

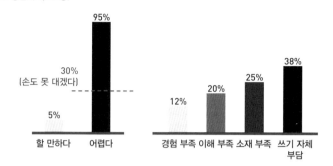

● **자기소개서 쓰기 어떤가요?**
（고3 응답자 1,187명）

출처: 연합뉴스(17. 9. 20.)

글쓰기가 진로를 좌우하는 상황에서도 글쓰기를 대하는 인식은 크게 달라지지 않는다. 자기소개서에 대한 고3 학생들의 인식을 살펴보면 써야 한다는 사실 그 자체를 버거워한다는 사실을 알 수 있다. 이미지와 동영상에 친숙한 요즘의 수험생은 이렇게 이야기하고 있을 것이다. 왜 꼭 '글'이어야 하죠? 유튜브에 영상 올리라면 그건 잘할 수 있는데.

우리는 공교육 과정에서 글쓰기를 배우지 않았다. 초등학교 때부터 써오라는 과제는 많이 받아봤지만 어떤 식으로 접근해서 써야 하는지, 또 쓴 글은 어떻게 다듬고 고쳐야 하는지 배운 적이 없다. 우리는 기껏해야 맞춤법과 원고지 교정부호를 기억할 뿐이다.

글쓰기는 국어 같은 특정 교과의 몫이 아니다. 모든 수업에서 '글'로 표현할 수 있게 이끌어야 한다. 하지만 대부분의 교사는 '글을 쓸 줄 안다'는 전제하에 출발한다. 국어 시간이 아니라면 글을 쓸 일도 별로 없다. 글의 재료를 수집하는 법, 재료를 엮어 메시지를 만드는 법, 정확한 표현으로 전달하는 법 등을 우리는 배우지도 못했고 경험한 적도 없다. 그럼에도 불구하고 결국에는 잘 써야 하는 게 글이다.

귀찮지만
기다려지는 날

글쓰기 지도의 첫걸음은 장벽을 없애는 일이다. 글쓰기가 힘들고 어렵고 지겹고 재미없고 답답하고 부담스럽다는 편견을 깨부수는 일, 글쓰기를 시작하며 잘못 끼웠던 첫 단추를 다시 여미는 일, 그게 바로 어린이 글쓰기 지도의 시작이다.

큰 아들을 포함해 내 수업에 참여하는 네 명의 학생은 초등학교 1학년 때 같은 반이었다. 하지만 3학년이 되면서 전학, 진학, 학원 수강 등으로 얼굴 보기가 힘들어졌다. 이 네 친구를 다시 한 자리에 모은 게 바로 글쓰기 수업이다. 매주 목요일은 글 쓰는 날이면서 친구와 한바탕 노는 날이기도 하다.

아이들의 기대가 커지면서 수업만 하기에는 뭔가 허전했다. 더 즐겁게 해주고 싶었다. 그래서 도입한 게 요리이다. 아이 셋을 키우며 주방과 친해졌던 나는 간단한 음식을 함께 만들어 먹으며 그 과정을 글쓰기와 접목시켰다.

수업 장소는 식당, 카페, 공원, 도서관, 영화관, 캠핑장 등으로 다양해졌다. 나는 최대한 느끼고 자유롭게 표현하길 바랐다. 몇 줄을 쓰기 위해 그것의 몇 배가 되는 경험을 공유하는 게 필요하고 중요하다고 확신했다. 다행히 아이들이 잘 따라줬다.

글쓰기와 긍정적인 경험을 엮어내자. 외롭고 답답한 책상 앞에 혼자 앉은 나, 힘들게 써내려간 몇 줄 안 되는 글, 엄마아빠의 무성의하다는 평가, 난해한 논리 앞에 너무나 쉽게 지워지는 문장, 결국 다시 채워야 하는 번거롭고 고된 노동. 글쓰기를 이런 고통의 이어달리기로 만들어선 안 된다. 글쓰기를 떠올리면 좋은 기억이 따라오게 무대를 재구성해야 한다.

나는 마지막 원고지 다섯 장을 쓰게 하려고 짧게는 30분, 길게는 몇 시간을 아이들과 함께한다. 내가 떡볶이를 만들면 아이들은 관찰하고 메모한다. 요리가 끝나면 나눠 먹으며 잡담을 나눈다. 다 먹고 나면 카드 게임을 하거나 공기놀이를 한다. 그리고 마지막 30분을 할애해 원고지를 쓴다. 글쓰기 수업에서 글만 쓰면 어느 누가 흔쾌히 따라오겠는가!

문득 한 친구가 진지한 표정으로 고개를 저으며 내뱉던 말이 떠오른다. 오늘따라 이상하게 글이 잘 안 써지네. 마감을 앞둔 작가의 푸념처럼 귀에 선한 그 말은 조금 귀찮지만 기대된다는 뜻이 아닐까.

Q 왜 글을 써야 하는가?

소설가 조지 오웰은 글쓰기의 동기를 네 가지로 정리했다.

첫째, 순전한 이기심으로 잘 보이고 싶어서다. 문장을 다루는 일, 유려한 표현을 아무렇지 않게 글로 옮기는 일은 근사해 보인다. 누군가는 그런 글이나 필자를 대화 소재로 삼는다. 잘난 사람으로 비춰지고 능력을 인정받고 싶은 욕구는 누구에게나 있다. 이는 글을 쓰는 동기로 작동한다.

둘째, 미학적 열정으로 아름다운 경험을 나누고 싶어서다. 단어와 문장을 배열하고 탁월한 표현으로 현상이나 대상으로 묘사하는 게 재미있어서다.

셋째, 역사적 충동으로 사실을 남기려는 욕구 때문이다. 많은 이들이 자신에게 또 이 사회와 세상에 어떤 일이 있었는지 그 기록을 보전하고 싶어 한다.

넷째, 정치적 목적으로 변화를 선도하기 위해서다. 세상을 특정 방향으로 밀고 가기 위해, 어떤 모습으로 만들어가기 위해서는 사람들의 생각과 행동에 변화를 줘야 한다. 글을 통해 이런 일을 도모할 수 있다.

동기는 목적과 연결된다. 우리는 어떤 결과를 얻을 것이라 기대하기 때문에, 또 그런 결과를 얻기 위해서 일을 꾸미고 시작하지 않는가! 내가 만난 아이는 물론이고 어른조차도 글쓰기를 통해 얻고 싶은 것 혹은 얻게 된 것은 다음 네 가지였다. 이는 내가 강조하는 일상 글쓰기의 목적이면서도 효과이다.

첫째, 두드림이다. 글쓰기는 단순한 표현을 넘어 생각을 만들어 가는 사고 과정이다. 글쓰기를 통해 개인의 문제는 물론이고 타인의 문제에도 관심을 기울일 수 있다. 이는 곧 개인과 타인, 개인과 사회의 관계를 규정하는 기준이 된다. 이 과정에서 삶의 철학, 가치관, 방향을 분명하게 세울 수 있다.

둘째, 대화이다. 글은 시공간을 초월해 소통하게 해준다. 내 글은 밤이든 낮이든 나를 대변한다. 부산에서 강의를 하는 중에도 서울에서는 누군가 내 글을 읽으며 내 생각을 알아간다. 내 블로그의 어떤 글은 24시간 만에 7만 명이 조회했다. 글을 쓰는 일은 적극적으로 소통하고 공감하는 행위이다. 누군가의 글을 통해 그를 더 잘 알게 되기도 혹은 새로운 면을 보기도 한다.

셋째, 배설이다. 현대인은 감정 표현에 누구나 변비이다. 웃음을 숨기고 눈물을 감춰야 한다. 상황에 따라서는 감정을 드러내는 게 부적절할 수도 있으나 웃음은 물론이고 눈물의 가치조차 모르고 사는 게 아닌가 싶다. 감정은 실체가 없고 모호한 반면 글쓰기는 언어를 다루는 논리적 행위로 구체적이고 가시적이다. 감정 상황을 글로 옮기면 분명해진다. 글쓰기로 감정을 관리하면 더 건강해질 수 있다.

넷째, 탐험이다. 글쓰기는 무의식에 접근하는 여정이다. '똑똑'하고 글을 쓰다 보면 평소에는 들어가기 힘든 장기기억의 창고 문이 '덜커덩' 열린다. 쓰는 만큼 우리는 새로운 스토리를 발견할 수 있다. 좋든

싫든 그 기억은 오늘을 살아가는 힘이 된다. 역사에서 교훈을 얻듯 나의 스토리를 통해 삶의 방향을 정립하는 일도 가능하다. 나는 어제의 내가 만든 사람이기 때문이다.

조지 오웰의 네 가지 동기와 내가 추론한 네 가지 효과를 바탕으로 우리가 왜 글을 써야 하는지를 다음과 같이 정리할 수 있다.

우리는 글쓰기 자체에서 재미를 발견하거나 감정의 카타르시스를 경험할 수 있다. 이는 우리를 더 건강하게 해준다. 복잡한 생각을 정리해 발전시킬 수 있고, 잊고 있던 스토리에서 영감을 얻을 수도 있다. 즉, 깊고 다양한 사고 행위는 글을 쓸 때 비로소 가능하다. 또 글은 누군가의 생각이나 행동에 변화를 줄 수도 있으며 역사적 사실을 후대에 전할 수도 있다. 이는 글 쓰는 행위가 시공간을 초월해 타인과 적극적으로 소통하는 행위임을 반증하는 것이다. 이로써 우리는 공감을 얻거나 인정을 받을 수 있다.

글쓰기는 이렇게 위대하다. 그러니 어떻게 글을 쓰지 않고 살 수 있냐는 말이다.

요리하는
글쓰기 선생님

음식은 분위기를 부드럽게 해준다. 테이블 위에 놓인 약간의 주전부리와 음료는 대화를 이끌어내는 마중물이 된다. 글쓰기 수업에서도 마찬가지다. 나는 먹거리를 통해 아이들을 글쓰기의 세계로 손쉽게 끌어들이고 있다.

수업은 우리 집 현관을 들어서면서부터 시작된다. 때로는 자기 집을 나서면서 시작되기도 한다. 모든 순간이 글의 재료이다. 도착했을 때 집안의 모습, 선생님의 옷차림이나 인사말, 책상 앞에 앉기 전까지 뭘 하고 놀았는지, 간식은 어땠는지 따위가 모두 원고지를 채울 싱싱한 글감이다. 그러므로 간식을 먹고 한 시간씩 놀아도 글을 못 쓸 이유가 없다.

'먹는 일'은 수업이 거듭되면서 '만들어 먹는 일'로 바뀌었다. 이따금 수업 중에 요리를 한다. 메뉴는 아이들이 정한다. 라면, 짜장면, 궁중떡볶이, 떡볶이, 샌드위치, 부침개 따위다. 라면처럼 간단한 음식은 아이들이 직접 하고 나는 위험요소만 제거한다. 손이 많이 가는 음식은 내가 만들고 아이들은 관찰하고 메모한다.

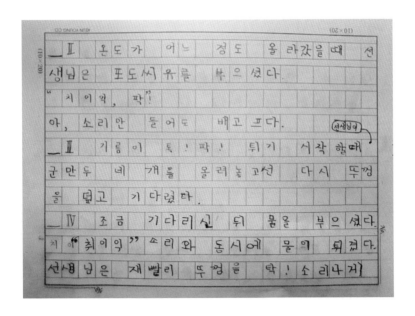

＿Ⅱ 온도가 어느 정도 올라갔을때 선생님은 포도씨유를 부으셨다.

"치익, 팍!"

아, 소리만 들어도 배고프다. (선생님이)

＿Ⅲ 기름이 톡! 팍! 튀기 시작할때 군만두 네 개를 올려놓고선 다시 뚜껑을 덮고 기다렸다.

＿Ⅳ 조금 기다리신 뒤 물을 부으셨다. 치이 "취이익" 소리와 동시에 물이 튀겼다. 선생님은 재빨리 뚜껑을 탁! 소리나게

요리 중에도 나는 이런저런 대화를 시도한다. 소고기의 핏물은 왜 빼는 거야? 왜 프라이팬을 달군 다음에 기름을 두를까? 써는 것과 자르는 것은 무슨 차이야? 미리 간장에 재워두는 이유는? 또 이상하게 노래를 부르거나 엉덩이를 흔들며 춤도 춘다. 일부러 재료를 바닥에 떨어뜨리기도 한다. 그러면 아이들의 눈빛은 대단한 걸 발견이라도 한 듯 번쩍거리고 메모까지 한다. 집중하고 있다는 반증이다.

요리가 끝나면 든든하게 배도 채우고 원고지도 채운다. 메모한 내용을 바탕으로 쓰면 쓸 말이 너무 많아 손이 아플 지경이다. 단순히 요리 절차를 쓰는 게 아니다. '궁중떡볶이를 먹은 날' 같은 제목으로 한 편의 온전한 일기를 쓰도록 지도한다. 나는 음식의 맛을 참신하게 표현하는지, 관찰한 것을 구체적이고 생생하게 묘사하는지 등을 확인한다.

이 수업은 세 가지 면에서 도움이 된다.

첫째, 상황을 구체적이고 단계적으로 보는 눈이 생긴다. 단순히 '만들었다'가 아니라 '씻고', '볶고', '조려서', '먹었다'가 된다.

둘째, 메모 기술이 좋아진다. 순식간에 지나가는 장면을 포착하기 위해 아이들은 중요한 단어만 기록하는 법을 터득하게 된다.

셋째, 어휘력이 향상된다. 요리 과정에서 쓰이는 단어는 어렵다. 일상에서 경험할 일은 드물다. 상황에 맞는 정확한 단어를 선택하는 습관을 갖게 해준다.

만들어 먹고 쓰면 그만이다. 글쓰기 부담도 줄이고 글감도 만드니 일석이조가 아닌가!

선생님 욕 빼고
마음대로 써

글쓰기는 고도의 정신 활동이다. 일반적으로 글에는 보고 들은 사실, 감정과 태도 그리고 생각을 담는다. 예를 들면, 숙제를 미뤘던 일로 엄마에게 꾸중들은 사실을 쓰고, 그때의 감정과 태도를 되짚어본 다음, 그 사건으로 어떤 변화가 생겼는지 찾아보는 식이다.

어른들이 생각하는 바람직한 결말로 이어지는 글은 드물다. 동생과 싸운 지 한 시간도 안 되어서, '형인 내가 참았어야 했다.' 같은 교훈을 스스로 써내는 아이는 거의 없다. 느낀 점을 쓰라면서도 정작 느낀 대로 쓰면 꾸중을 하는 부모가 얼마나 많은가.

글쓰기 수업에서 자유로운 분위기는 절대적이다. 아이들은 무엇도 그릴 수 있는 새하얀 도화지이면서 어떤 것도 흡수할 수 있는 거대한 스펀지이기 때문이다. 자극을 맘껏 받아들이고 떠오르는 대로 표현할 수 있을 때 글쓰기의 진가를 경험할 수 있다.

물론 생각나는 대로 쓰도록 이끄는 게 쉽지는 않다. 평가 받는 데 익숙할수록 '이런 표현을 써도 될까'라는 의구심이 끝없이 솟아나는 자기 검열에 빠진다. 실제로 한 친구는 첫 수업에서 30분 동안 세 문

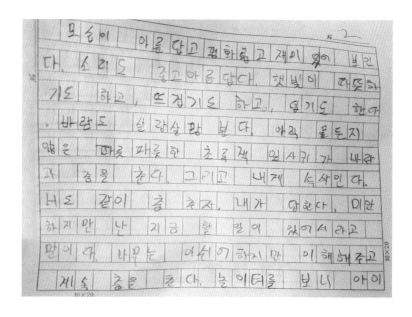

장을 썼다. 예의가 발라도 너무 발랐던 그 친구는 한 문장을 쓰면서도 수없이 질문을 던졌다. 선생님, 이 표현 괜찮아요? 이렇게 쓰는 건 이상하지 않나요? 여기 받침은 'ㅌ' 맞아요? 힘겹게 한 문장을 완성한 뒤에는 지우고 다시 쓰기를 반복했다.

"선생님 욕 빼고 마음대로 써!" 나의 처방이었다. 맞춤법, 글씨체 아무 상관하지 않을 테니 떠오르는 대로 쓰라는 거였다. 쓴 문장은 고치지 말고 다음 문장을 써내려가라고 했다. 처음에는 어색하고 생소해했다. 하지만 서너 번 수업을 거듭하며 글은 자유로워졌고 공원에서 수업한 어느 날 놀라운 글 한 편을 써냈다.

자유롭게 써도 되는구나! 그 경험이 중요하다. 자유롭게 쓰라고 내뱉었으면 약속을 지켜야 한다. 쓰고 싶은 주제와 방식을 허용하라는 뜻이다.

자유롭게 써야 의식 너머로 들어갈 수 있다. 평소라면 생각지 않았을 표현이 나오고 기억해내지 못했던 사건에 접속한다. 글 쓰는 일 자체를 즐겨야 한다. 몰입의 조건이다. 장기기억 깊숙이 접근해 우연히 스쳤던 단어를 꺼내오고 새로운 조합으로 놀라운 문장을 만들어내는 일, 상상의 동물을 창조하고 흥미로운 스토리를 구성하는 것도 모두 자유로울 때 가능하다.

공원에 누워서
하늘을 보는 이유

아이들은 글쓰기를 통해 감수성과 상상력을 기를 수 있다. 학교, 학원, 체육관, 각종 센터 등을 오가느라 아이들도 참 바쁜 하루를 보낸다. 주변의 자극에 둔해지고 무뎌진다. 하지만 글쓰기를 통해 감수성을 키우면 나뭇잎 색깔이 바뀌고 바람의 냄새가 달라진 걸 알아차릴 수 있다. 가족이나 친구의 안색이 어제와 사뭇 다르다는 걸 놓치지도 않는다. 높은 감수성은 주변 사람과 사물, 환경에도 관심을 갖게 하며 자신과도 진지한 대화를 나누게 돕는다.

상상력은 새로운 연결을 말한다. 존재하지 않던, 해본 적 없는 뭔가를 시도한다는 뜻이다. 물론 대부분의 상상은 상상으로 그친다. 하지만 현실로 바뀌는 것은 언제나 상상의 결과이다. 상상하지 않는다면 변화는 언제나 상상에서 출발한다. 글 속에선 무엇이든 만들 수 있다. 아이들은 상상하는 일에 두려움을 느끼지 않는다.

내 수업은 장소가 매번 달라진다. 거실도 좋고 베란다도 괜찮다. 도서관이나 공원도 훌륭한 장소이다. 영화관 매표소 앞 테이블에서도, 분식집, 카페, 마트 등 잠깐이라도 앉아 글을 쓸 수 있는 여건이 된다면 어느 곳이라도 수업 장소가 된다.

공간을 바꾸는 목적은 감수성을 최대한 높여주기 위해서이다. 다양한 환경은 상상력을 자극하는 데에도 도움을 준다. 많은 요소가 확정되어 있는 교실이나 집은 변화를 감지하기가 상대적으로 어렵다. 반면 개방감이 큰 공원은 매주 다른 모습을 보여준다. 공원을 산책하는 사람의 소매가 길어지고, 모자를 쓰거나 벗고, 달리거나 걷고, 나무의 잎도 푸르다가 붉어지는 등 때마다 '다름'을 느낄 수 있다.

특히 시각 정보에 집중된 자극의 원천을 미각, 촉각, 청각, 후각 등으로 넓혀줄 수 있다. 아이들의 글을 보면 관찰한 일에 대한 기술이 대부분이다. 이는 어른도 마찬가지이다. 공원처럼 개방되어 있으면서 수집할 정보가 많은 공간은 감수성을 키우기에 좋다.

공원 수업은 이런 식으로 이뤄진다. 내가 먼저 그늘이 잘 드는 곳에 돗자리를 깔고 캠핑용 테이블을 설치해놓는다. 아이들이 도착하면 30분 정도 놀 시간을 준다. 그 다음은 돗자리나 주변 평상을 이용해 하늘을 보고 눕게 한다. 10분 정도 명상을 한다. 아무것도 안 보이는 데 봐야 하느냐, 일어나고 싶다 따위의 대화가 오간다. 하늘 보기

가 끝나면 주변을 돌아다니며 관찰해서 글로 쓸 만한 걸 찾게 한다. 개미집, 기타 치는 성가대, 어린이집 소풍 등 아이들은 서로 다른 소재를 발견하고 메모를 해온다. 원고지에 옮긴다. 마음이 가는 대로, 손이 움직이는 대로. 그저 쓰도록 시간을 준다.

놀고 싶다면 놀게,
쓰고 싶다면 쓰게

수업은 활동, 글놀이, 그리고 원고지 쓰기로 구성된다. 각각을 얼마나 진행하고 어떤 순서로 배치하느냐에 따라 수업 모습은 달라진다. 영화를 보거나 산책을 하면 수업이 길어지고 때로는 먼저 원고지를 쓴 다음 나머지 시간에는 놀 때도 있다.

나는 이 과정에서 아이들의 의견을 최대한 반영한다. 경우에 따라서는 결정을 위임한다. '내가 결정했다'는 생각을 갖게 해야 결과에 대한 책임뿐 아니라 과정에도 적극적으로 동참한다. 글쓰기 수업일수록 스스로 쓰려는 태도가 중요하다. 그래야 좋은 글이 풍부하게 나온다. 글의 질과 양 모두 자기결정권이 끌어낸다.

내 수업에서는 원고지를 몇 장 쓸지 아이들이 결정한다. 원고지는 세 장씩 나눠주지만 얼마나 쓰는지는 주제, 컨디션, 분위기 등에 좌우된다. "진짜 쓸 말이 없어요." 하면서 두 장에서 멈추기도 하고 "한 장만 더 주세요." 하면서 열 장까지 쓰기도 한다.

격렬히 쓰기 싫은 날은 쓰지 않는다. 아이들이 원고지 쓰기를 꽤 적극적으로 거부할 때는 그 의견을 수용한다. 아이들의 말에서 힌트

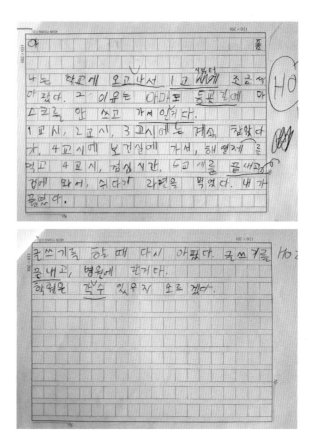

를 얻기도 하지만, 표정이나 행동으로 판단할 때가 많다. 물론 단순한 투정과 진정한 거부는 구별해야 한다.

아이들은 이렇게 말한다. "선생님, 오늘 원고지 안 쓰면 안 돼요?" "그래? 그러면 쓰고 싶은 거 딱 두 장씩만 쓰고 놀자." 나의 한결같은 답변이다. 결국 원고지를 손에 받아든다. 하지만 막상 쓰기 시작하면 더 쓸 때가 많다. 내가 옆에서 사정하기 때문이다. "현수야, 조금만 더 쓰자. 딱 두 문장만. 이 부분만 조금 더 구체적으로. 여기까지만 오

초등 글쓰기
비밀수업

케이?" 이런 날은, '쓰기 싫다'는 말이 투정이었다.

하지만 학교에서 친구와 싸웠다거나 선생님께 심한 꾸중을 들었다면? 거짓말 한 게 들켜 혼날 일을 앞두고 있다면? 이때 아이들은 글을 쓸 여력이 없다는 걸 온몸으로 보여준다. 이 날은 글쓰기도 쉬어간다. 물론 부정적인 감정이나 경험도 글로 풀어낼 수 있다. 한 친구는 자신을 약 올린 '그 놈'에 대한 분노를 무려 원고지 여덟 장에 옮기기도 했다. 중요한 건 '내가 쓰겠다고 결정했어.'라는 감정적 근거를 갖게 하는 일이다.

때로는 수업 진행 순서도 아이들이 결정한다. 예를 들어, "원고지 먼저 쓰고 나머지 시간에는 놀이터에서 놀면 안 돼요?" 건의하는 날에는 그렇게 해준다. 물론 허락하는 과정에서는 원고지 양을 늘리거나 관찰 활동을 추가하는 식으로 일종의 타협점을 찾는다. 이때에도 최종 결정은 아이들이 내린다.

아이들에게 결정할 수 있는 기회를 주고 결과에 책임감을 갖게 해주는 수업. 이런 글쓰기 수업이라면 아이들이 자유롭게 자신의 생각을 만들고 표현하는 게 가능하지 않을까?

Q 왜 못 쓸까? 어떻게 도와야 할까?

　강의에서 이따금 "우리 아이가 글을 잘 못 쓰는데 어떻게 해야 하나요?"라는 질문을 받는다. 하지만 시원한 답변을 하지 못했다. 글을 못 쓰는 데에는 많은 요인이 영향을 미치기 때문이다. 몇 분 만에 여러 원인을 분석하고 진단을 내리는 것은 불가능하다.

　글을 잘 못 쓴다는 것은 세 가지 관점에서 해석할 수 있다. 첫째, 지능이나 사고력, 구어 능력에 비해 글을 못 쓰는 것을 말한다. 다른 역량에 비해 집필 능력이 떨어진다는 의미이다. 둘째, 어떤 기준에 이르지 못하는 것을 의미한다. 성취도 검사나 진단평가에서 낮은 점수를 받으면 우리는 부진하다고 평가한다. 통상 학교에서 이 방식을 취한다. 셋째, 쓰기 과제 해결에 어려움을 겪는 경우다. 일기쓰기, 지역조사 보고서 작성 등 쓰기 과제를 기피하고 수행수준이 낮다.

　하지만 초등학생을 대상으로 '글을 잘 못 쓴다'고 평가하기에 첫 번째 관점은 부적절하다. 비교 기준이 되는 지능과 사고력을 측정할 때 어느 도구를 사용했느냐에 따라 결과가 달라질 수 있기 때문이다. 두 번째 관점 또한 성취도 평가가 쓰기 능력을 제대로 반영하느냐의 문제가 부각된다. 지금은 시행이 중단된 국가 수준 학업 성취도 평가 국어 영역에서도 쓰기는 비중이 확연히 낮았다. 2011년 문제지를 기준으로 객관식 27문항, 약식 및 서술형 5문항 중 대영역이 '쓰기'로 분류되는 문항은 4개에 불과했다. 이 중에서도 서술형은 단 하나뿐. 이것은 쓰기를 간과했다기보다 서술형 답안에 계량화된 점수를 부여하기가 어렵기 때문이다. 채점 결과에 논란이 크다는 뜻이다. 초등학교 3학년을 대상으로 한 진단 평가 '쓰기' 영역도 다르지 않다. 30개 문항 중 마지막 30번을 제외하면 어휘, 표현, 문장 구성에 국한된 단순한 지식을 묻는 게 대부분이다. 게다가 14개 문항이 사지선다형이었다.

따라서 글을 잘 못 쓴다는 말의 의미는 세 번째 관점, 즉 '쓰기 과제' 해결에 어려움을 겪고 낮은 수준의 성취를 보이는 것으로 해석하는 게 타당하다.

그렇다면 아이들은 '쓰기 과제'를 왜 제대로 해내지 못하는 걸까? 쓰기 부진의 원인은 아이의 인지적, 언어적, 정서적, 신체적 요인 등의 내부 요인과 지도 방법, 작문 환경, 사회적 압력 등과 같은 외부 요인으로 볼 수 있다. 독서논술과 같은 글쓰기 지도법이 유행하는 이유는 바로 아이의 내적 요인 중 인지적 요인(지능, 기억력, 배경지식, 사고력)과 언어적 요인(구어 능력, 국어 지식, 어휘력)을 높이는 데 독서가 긍정적 영향을 미칠 것이라 믿기 때문이다.

나는 조금 다른 접근법을 택했다. 우리는 쓰기 부진 학생의 작문 특성을 분석한 연구에서 공통적으로 주목하는 현상, 즉 글의 길이가 짧았다는 사실에 집중할 필요가 있다. 글을 못 쓰는 아이들의 글은 대부분 짧다. 그 원인을 심도 깊게 분석한 자료에 따르면 의외로 '낮은 수준의 쓰기 기술' 즉 철자, 문장부호, 글씨체 등이 영향을 미쳤다. 이 부분에서 정확도와 유창성이 떨어지면 전체적인 작문 수준에 부정적인 영향을 준다는 것이었다. 지능, 배경지식, 사고력 따위가 아니라 일차적인 것은 기본적인 맞춤법과 필체라는 말이다. 놀랍지 않은가!

2015년 개정 교육 과정에서 한글 교육이 강화(27시간→67시간)된 것은 천만다행이다. 학교 생활뿐 아니라 삶 전반에 필수적인 쓰기 역량의 기초를 내실 있게 다질 수 있으리라 기대한다. 무엇보다도 쓰기의 근간인 한글과 맞춤법은 공교육 시스템에서 체계적으로 지원해주는 게 타당하다고 믿기 때문이다.

그렇다면 이 시기가 지난 아이들에게는 어떤 방식으로 접근을 해야 할까? 내가 택한 방식은 오히려 '낮은 수준의 쓰기 기술'을 전혀 염려하지 않도록 분위기를 만드는 것이었다. 정확한 표기는 추후에 개선하더라도 분량을 키우는 데 집중했다. 이를 위해 함께 글감을 만들고 배경지식을 꺼냈다. 좋아하는 주제, 쓰고 싶은 주제, 하고 싶은 이야기를 자유롭게 선택하도록 했다. 부족하더라도 한 문단에 비슷하거나 연관된 내용을 쓰게 했다.

어떻게 되었을까? 무엇보다도 아이들은 쓰는 활동을 두려워하지 않게 되었다. 15분 정도만 집중하면 원고지 다섯 장을 거뜬히 써낸 경험이 쌓이며 쓰기 불안이 사라졌다. 이제 아이들은 다듬는 일만 남았다. 계획하고 쓰기, 문단을 유연하게 연결하기, 반박에 대응하기 등으로 탄탄함을 더할 수 있다.

우리 아이는
자기 글 보는 걸 싫어해요

내 블로그에는 올린 지 이틀 만에 조회수가 4만을 넘긴 글이 하나 있다. 두 달이 지나 8만 건이 조회될 정도로 뜨거웠다. 하루에 고작 300명이 방문하는 블로그에서 이토록 폭발적인 사랑을 받은 글은 과연 뭘까?

2017년 7월, 〈어린이집 수첩 쓰기〉라는 제목의 글을 블로그에 올린 적이 있다. 어린이집 선생님과 주고받은 이야기를 소개하며 글로 소통하는 재미와 역할을 되새겼다. 그런데 이 재미없는 일상의 이야기가 의외의 반응을 보였다. 매월 200명이 읽었는데 95%는 여성이었다.

그런데 신기하게도 모든 조회수가 '검색 유입'이었다. 다시 말하면 웹서핑 중에 '어, 이게 뭐지?' 하고 들어와 본 게 아니라 분명한 목적을 갖고 검색해서 찾아봤다는 뜻이다. 통계를 살펴보니 이 글을 읽은 이들이 검색창에 입력한 단어는 '어린이집 수첩 쓰기'였다.

1년 뒤. 나는 구체적인 작성 사례를 소개하며 〈어린이집 수첩, 이렇게 써보세요〉라는 글을 다시 올렸다. 공교롭게도 이 글이 유명 포털 메인에 올라가며 놀라운 기록을 세웠다. 조회수 8만은 그렇게 탄생했다.

어린이집 수첩. 그게 뭐라고 이렇게 많은 엄마들이 살펴볼까? 아마도 처음이라 막막했을 것이다. 혹은 매일 써서 쓸 말이 고갈되었을 수도 있다. 그래서 남들은 어떻게 쓰는지 궁금하지 않았을까? 몇 줄 안 되는 글을 통해 어린이집 선생님은 우리 집안을, 적어도 나를 판단할 거라고 생각하는 건 드러내기 힘든 속마음일 것이다. 강의에서 만난 전국 각지의 어머님들도 이런 나의 짐작에 고개를 끄덕이며 공감해주셨다. 왜냐면 나도 그랬으니까.

내 글쓰기 수업에 참여하는 성인도 첫 시간에는 꽤 긴장을 한다. 쓴 글을 읽고 발표한다는 사실을 알고 왔으면서도 표정이 굳는다. 50명 이상의 강의에서도 짧지만 실습을 한다. 이때도 반응은 비슷하다. 앞서 말했듯, 내 지성과 인품이 글에 그대로 나온다고 믿기 때문이다. 짧은 어휘, 틀린 문장, 앞뒤 안 맞는 논리, 구태의연한 표현, 지루하기 짝이 없는 전개. 이것들이 자신을 평가하는 기준이 된다고 생각한다. 글이란 쓰는 사람의 내면이다.

과장이 아니다. 이게 현실이다. 우리는 글 잘 쓰는 사람을 우러러본다. 적어도 부러워한다. 글이 유식함을 대변하는 것은 아니지만, 또 유식함이 옳다고만은 볼 수 없지만 대부분은 글을 잘 쓰고 싶어 한다. 밥벌이나 일상과 무관한 데도 말이다.

아이들이라고 다를까? 아이가 어릴 때는 잘 보여주던 글을 이제는 안 보여준다며 걱정하는 어머님을 강의마다 만난다. 일기를 몰래 봤다가 크게 다툰 이야기도 한다. 상황이 이런데 글쓰기를 어떻게 지도하냐며 울상이다. 그때마다 내가 했던 답. 바로 뒷장에 소개하겠다.

경찰서 반대말과
습한 날 먹는 음식

한번은 학교에서 돌아온 아들이 뜬금없이 이렇게 물었다. 아빠, 경찰서 반대가 뭐예요? 글쎄. 감옥? 아니, 경찰 앉아. 내 반응은 시큰둥했다. 하지만 순간 장난기가 발동한 나는 아빠도 넌센스 퀴즈 좋아한다며 아들과 몇 개씩 더 주고받았다. 습한 날에 먹는 음식은? 하늘에 콩두 쪽이 있다면? 세상에서 가장 야한 생물은? 새로운 정보에 흡족한 아들은 나를 보며 연신 웃었다.

아이의 글을 키워주고 싶다면 우선 아이와 친해져야 한다. 글쓰기 지도가 어려울 뿐인데 무슨 문제가 있는 부모처럼 몰아간다고 오해 마시길. 아이와 많은 시간을 함께 보내는 엄마는 바깥일 하는 아빠처럼 아이를 너그럽게, 혹은 대충 키우지 못하는 현실을 말하는 것이다. 아이들은 대충 넘어가는 법이 없고 사소한 것 하나까지 일러주고 챙기는 존재가 때론 버겁다. 대부분의 아이들이 한번쯤은 이런 말을 한다. 엄마 오늘 늦게 들어와요? 오예! 물론 아빠가 될 수도 있다. 집집마다 상황은 다르니까.

하루에도 몇 번씩 엉키는 감정의 실타래는 온전히 엄마의 몫이다

(물론 아빠일 수도 있다. 우리 집처럼.) 아이가 아침에 일어나 씻고 먹고 입고 집을 나서는 순간까지 감정 소모의 연속이다. 사소해도 관심을 쏟아야 할 일이 집안 곳곳에 널렸다. 안 가르치면 어디에서 손가락질 받을까 걱정이다. 혹은 내가 너무 피곤해진다. 그러니 "오늘은 아무 소리 안 한다고 했지!", "엄마가 오늘은 아무 소리 안 한다고 했어? 안 했어?"처럼 말도 안 되는 소리를 하게 된다.

아이들에겐 엄마의 승인이 필요하다. 탄산음료를 먹어도 되는지, TV를 얼마나 볼 수 있는지, 사탕은 몇 개까지 먹을 수 있는지, 친구와 몇 시까지 놀게 되는지. 아이들의 일상은 엄마의 마음먹기에 좌우된다. 여기에서 자유로워질 때가 되면 사실 부모가 글쓰기를 지도할 일도 없다. 그렇지 않은가? 이런 행동이 옳고 그르다는 말을 하는 게 아니다. 적어도 글쓰기를 지도하고 싶다면 어떤 모습을 보여 왔는지 고민해야 한다. 뭔가를 제제하고 통제하고 일러주고 가르치는 일에 바빴다면 아이의 진심이 담긴 글을 볼 수 없을 것이다.

자책하지 마시길. 변화를 위한 첫걸음은 놀랍도록 쉽기 때문이다. 아이들과 눈높이를 맞추고 사소한 결정은 위임하라. 포용하고 허용하라. 떠들도록 내버려두라. 함께 이상한 노래도 만들어 부르고 춤도 추자. 하던 일을 멈추고 꼬리를 무는 질문에 답해보자. 아이 스스로 '내 글을 보여줘도 괜찮아'라는 마음이 들게 하라. 같은 편이 아니라면 지도는커녕 아이의 글도 구경할 수 없다.

지금 바로 실천해보자. 경찰서 반대말은 경찰앉아, 습한 날은 습하니까 스파게티, 하늘에 콩 두 쪽은 스카이콩콩, 관능미의 대명사는 버섯이란 걸 기억하자. 그리고 이 놀라운 퀴즈를 아이들에게 소개하라. 내키지 않는다면 이 글을 다시 읽어보길 권한다.

글 쓰고 발표하는 선생님:
함께한다는 것의 의미

공무원 시험을 준비하는 스물네 살 윤 모 씨의 책상에는 작은 카메라가 놓여 있다. 노트북에서는 다른 장소에서 혼자 공부하는 여덟 사람의 모습이 실시간 중계되고 있다. 그의 모습도 카메라를 통해 그들에게 전송된다. 벌써 네 달째 서로 지켜보며 시험을 준비하고 있다. 이른바 감시 스터디. CCTV 같다는 그의 말처럼 혼자라면 흐트러지기 쉬운 수험생활도 함께하는 사람이 있으면 규율을 지키기 수월하다.

'감시'라는 표현과 암담한 고용 현실이 안타까웠지만 함께하며 서로를 격려하고 위로하는 그들의 공부법은 놀랍고 신선했다. 돌아보면 우리의 삶이 그래왔다. 성공이란 플래카드 뒤에는 늘 함께한 동료가 있었다. 4년이란 생도 생활을 이겨낸 것도 '절차탁마'를 외쳤던 동기생이 있었기에 가능했다. 성공한 창업가가 후배에게 하는 첫 번째 조언도 혼자 시작하지 말고 함께할 '동료'를 먼저 찾으라는 것이다.

글쓰기에서도 마찬가지다. 멀리 가려면 함께 가라는 아프리카 속담처럼 오래도록 글을 쓰려면 함께해야 한다. 글쓰기 장벽은 무너뜨려도 어느새 솟아올라 단단하게 벽을 두른다. 글을 안 쓴다고 당장 부족할 게 없다. 반대로, 글을 쓴다고 뭐 하나 나아지는 것도 안 보인다. 글쓰기를 포기하고 싶은 순간은 매일, 매주 찾아온다. 혼자라면, 게다가 아이라면 그만하자는 마음의 소리에 굴복하기 쉽다.

'함께'라는 말에는 두 가지 의미가 있다. 우선 동지가 있어야 한다는 뜻이다. 단단한 책상 앞에서 아이 혼자 고민하는 상황을 만들지 않는 게 중요하다. 물론 그런 순간도 필요하다. 하지만 글쓰기를 처음 시작할 때, 혹은 글쓰기에 대한 부담감이 클 때는 함께하는 게 좋다.

읽어주는 사람이 있을 때 신명나게 쓸 수 있다. 마음이 잘 맞는 친구와 함께라면 더할 나위가 없다. 1주일에 한 시간만이라도 함께 글을 쓰도록 자리를 만들자. 혼자면 금세 지친다. 우리 아이들도 그랬다. 하지만 누구 하나가 쓰기 시작하면 따라서 연필을 들었다. 언제 그랬냐는 듯 시작한 뒤에는 수월했다.

'함께'의 두 번째 의미는 수업을 이끄는 어른도 글을 쓴다는 뜻이

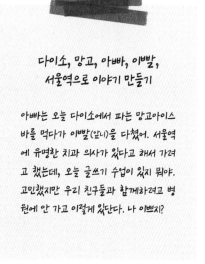

다이소, 망고, 아빠, 이발, 서울역으로 이야기 만들기

아빠는 오늘 다이소에서 파는 망고아이스바를 먹다가 이발(잇니)을 다쳤어. 서울역에 유명한 치과 의사가 있다고 해서 가려고 했는데, 오늘 글쓰기 수업이 있지 뭐야. 고민했지만 우리 친구들과 함께하려고 병원에 안 가고 이렇게 왔단다. 나 이쁘지?

다. 단순히 수업을 이끌기만 하는 게 아니다. 게임이나 활동을 같이 하는 것은 물론이고 글도 쓰고 발표까지 한다. 내 수업에서는 나도 쓰기 때문에 아이들에게 쓰기를 권하기 쉽다. 고된 정신노동을 왜 자기만 해야 하냐는 억울한 소리를 듣지 않을 수 있다. 특히 아이들과 더 가까워질 수 있다. 같은 편이라는 인식을 확실하게 심어줄 수 있는 방법은 함께하는 것이다. 하나부터 열까지.

Q 서울대학교는 왜 글쓰기 지원센터를 만들었을까?

　서울대학교는 매년 신입생을 대상으로 입학 전 영어(TEPS), 수학, 물리, 화학의 성취도를 평가한다. 학생들의 수준에 따라 수강할 수 있는 과목을 분류하고 수준에 따른 교수학습이 이뤄지게 한다. 2017년부터는 글쓰기 평가를 추가했는데 대상자는 자연대학, 공과대학, 치의학석사통합과정 신입생이다. 평가를 주관하는 기초교육원에서도 이공계 학생이 글쓰기를 대학 생활에서 필요 없는 역량으로 치부하지 않을까 우려한다. 그러나 글쓰기는 전공과 교양과목의 수강을 포함한 대학 생활은 물론이고 졸업 후에도 민주시민으로 살아가는데 필수적이다. 자신의 생각을 만들고 표현하는 데 핵심적 역할을 하기 때문이다.

　서울대학교는 그동안 교수학습개발센터 산하에 글쓰기 교실을 운영하며 글쓰기 튜터링, 글쓰기 클리닉(4개 프로그램: 리포트 집중 지도, 글쓰기 능력 향상, 외국인 글쓰기 지도, 교과목 연계 글쓰기 지도), 글쓰기 워크숍, 우수 리포트 공모대회 등 여러 프로그램을 운영하였고 온라인으로도 콘텐츠를 제공해왔다. 그러나 결과적으로 졸업 전까지 학생들의 글쓰기 역량을 높이는 데는 한계가 있었다.

　게다가 2017년부터 시행한 글쓰기 평가 결과를 보면, 입학생의 수준이 애초부터 낮았다. 기초교육원은 응시자의 25%(63명)가 정규 글쓰기 과목을 수강하기 어렵다고 판단했는데 '논제를 이해하는 능력이 부족해 논제와 상관없는 내용을 썼다', '근거 없이 주장만 제시했

초등 글쓰기
비밀수업

다', '명확하지 않은 표현을 사용하고 비문(非文)이 많다'고 평가했다.

2017년 서울대 신입생 글쓰기 평가 결과	
90점 이상(수)	17명(6.7%)
80점 이상~90점 미만(우)	49명(19.5%)
70점 이상~80점 미만(미)	100명(39.5%)
70점 미만(양)	87명(34.3%)
전체 평균	73.7점

*자연과학대학 신입생 253명 대상.
자료=서울대 기초교육원

2018년 서울대 신입생 글쓰기 평가 결과	
90점 초과	27명(3.1%)
80점 초과~90점 이하	128명(14.8%)
70점 초과~80점 이하	217명(25.2%)
60점 초과~70점 이하	213명(24.7%)
60점 이하	277명(32.1%)

*자연과학대학 공과대학 치의학석사통합과정
신입생 862명 대상. 자료=서울대

서울대학교는 문제의 심각성을 깨닫고 2018년 2월 22일 글쓰기
지원센터를 개소하며 글쓰기 교과목을 세분화했는데 사고와 표현
(Critical Thinking and Writing) 영역의 과목으로 글쓰기의 기초, 인문학 글
쓰기, 사회과학 글쓰기, 과학과 기술 글쓰기 강좌를 개설했다.

비슷한 시기에 시행된 2018년 평가 결과는 더 나빴다. 응시자
862명의 32.1%인 277명이 기준이 되는 60점 이하를 받았다. 평균
도 67.26점에 그쳤다. 낙제점을 받은 277명 가운데 도저히 정규 글
쓰기 강좌를 수강하기 어렵다고 판단된 99명에게는 별도의 기초 과
정부터 이수하라는 권고를 내리기도 했다.

서울대학교는 다시 글쓰기 과목을 정비했는데 2019년 신입생부
터는 글쓰기 기초를 대학 글쓰기1(국어국문학과 주관)과 대학 글쓰기2(기
초교육원 주관, 인문학/사회과학/과학과기술 3개 영역으로 구분)로 분리하고 동시
또는 역 수강을 금지하고 단계적으로 수강하도록 기준을 마련했다.
평가 방식 또한 성적 등급을 A는 20~30%, B는 30~40%, C 이하는
30~50%의 비율로 제한했던 기존의 상대평가 제도를 버리고 절대평

가를 도입했다.

대부분의 학부모라면 서울대생이나 그런 자식을 둔 부모를 부러워할 것이다. 하지만 동경의 대상인 그들도 글쓰기를 못해 이렇게 고생하고 있다. 글쓰기는 기초이면서도 핵심이다. 어릴 때부터 제대로 접근해서 자유롭게 사고하고 표현하도록 이끌어야 한다.

글놀이로
손목을
풀어주자

글놀이를 통해 향상되는 능력

- 세부적으로 묘사하는 능력
- 생각을 정확하게 표현하는 능력
- 무관한 대상에서 공통점을 찾는 능력
- 구체적 혹은 단계별로 설명하는 능력
- 스토리를 구성하고 편집하는 능력
- 일상의 소재를 나와 연결하는 능력

단어로
이야기 쓰기

어떤 글이든 단어에서 시작한다. 단어 하나를 써놓고 그 단어가 불러오는 이미지를 문장으로 옮기면 그게 글의 출발이다. 고등어를 쓴 다음 '어제는 고등어를 먹었다.', '나는 고등어를 좋아한다.', '내 친구 고동진은 별명이 고등어다.'처럼 말이다. 어린이집 소풍 준비로 바빴던 하루를 돌아보자. 김밥, 간식, 마트, 체육복, 피곤, 카페, 커피, 문화센터라는 단어가 먼저 떠오른다. 이 단어를 나열한 뒤 살짝 살을 붙이면 한 편의 일기가 된다.

이 원리를 이용한 글놀이가 단어로 '이야기 쓰기'이다. 순서는 이렇다. 우선 아이들에게 단어 다섯 개를 작은 종이에 각각 쓰도록 한다. 포스트잇 같은 메모지를 준비하는 게 좋다. 단어가 보이지 않게 접고 걷어서 섞은 뒤 다시 돌려준다. 이렇게 하는 이유는 아이들이 단어를 쓸 때 가을, 소풍, 단풍, 낙엽, 등산처럼 관련성이 높은 단어를 쓰기 때문이다. 상상력을 자극하고 흥미를 더하기 위해서는 무관한 단어의 조합을 만드는 게 중요하다.

아이가 글쓰기 지도에 관심이 있는 선생님을 만났다면 단어나 그림이 인쇄된 주사위를 던져 글을 쓴 경험이 있을 것이다. 하지만 단어로 이야기 쓰기는 아이들도 보다 적극적으로 개입한다. 직접 쓰기 때문이다. 아이의 요즘 관심사를 엿볼 수도 있다. 친구를 골탕 먹이려고 '정상회담' 같은 어려운 단어를 써냈다가 자신이 고르기도 한다. 도구를 활용할 때보다 의외성이 높다. 어떤 단어의 조합을 손에 쥘지 예상하기 어렵다. 하물며 거기에서 나올 글은 상상조차 할 수 없다.

아이들이 글을 쓸까? 쓴다. 경계선을 긋지 말고 뭐든 허락하라. 다섯 단어만 들어가면 어떤 글이든 좋다. 다만 자연스러워야 한다. 특정 단어가 등장하는 부분에서 이야기가 어색해지지 않아야 한다는 건 강조해도 좋다.

구분	내용
개요	무관한 단어를 이용해 이야기를 만드는 놀이
효과	상상력을 자극하고 문장의 앞뒤 관계를 고민하며 써야 하기 때문에 문맥을 고려한 글쓰기에 도움이 된다.
진행	1. 다섯 개의 단어를 각각 작은 종이에 써서 제출 2. 통에 담아 섞은 다음 돌아가며 뽑기 3. 자신에게 돌아온 단어 다섯 개를 이용해 이야기 만들어 쓰기 4. 적절한 시간을 주고 이야기가 완성되면 돌아가면서 발표
유의사항	혼자만 아는 단어를 쓰지 않도록 지도한다. (예: 만화 영화 캐릭터, 해외 관광지 지명 등)

문장
이어달리기

글쓰기 지도법을 강의할 때 문장 이어달리기 실습은 빠트리지 않는다. 진행은 간단하다. 내가 문장 하나를 제시하면 한 사람이 한 문장씩 이어 붙여 이야기를 만든다. 순번은 실시간으로 지목한다.

첫 문장을 제시하기 전, 엄마들만 모였고 가을이 깊어가는 혹은 봄꽃 향기가 흩날리는 모처럼 여유로운 시간임을 강조한다. 그러고는 목소리를 낮게 깔고 어절을 끊어 읽으며 시작 문장을 던진다. '그 사람에게서', '연락이', '왔다.'

"받아야 할까 망설였다", "가슴이 설렜다"로 출발한 이야기는 "무슨 말을 할까?", "만나기로 약속했다"로 이어진다. 간혹 "난 이미 결혼해서 아이가 있는데 어떡하지?" 같은 현실적인 고충을 터놓기도 한다. 이야기가 무르익을 때쯤 나는 도대체 그 사람이 누구냐고 묻는다. 그러고는 칠판에 이렇게 쓴다. '택배기사'

문장 이어달리기의 묘미는 예측할 수 없다는 데 있다. 앞사람이 무슨 말을 할지 모르기 때문에 준비할 수가 없다. 이야기 속으로 들어가 바로바로 만들어내야 한다. 엉뚱해보이지만 막상 얘기해보면 말이 된다. 여기에 글쓰기의 본질이 숨어 있다.

글이란 문장의 연속이다. 이때 중요한 건 앞뒤 문장이 긴밀하게 연결되느냐이다. 따라서 글을 쓸 때 아침부터 밤까지 있었던 일을 열 문장으로 나열하는 것보다는 구체적인 사건, 예를 들어 떡볶이 먹은 일에 대해 열 문장을 쓰는 게 좋다. 문장 이어달리기를 통해 아이들은 문맥을 벗어나지 않는 글, 하나의 주제로 여러 문장을 쓰는 연습을 할 수 있다.

"그런데 만나자마자 예전에 빌린 돈을 갚으라고 했다." 열 번에 한 번 꼴로 이런 반전을 꾀하는 어머님이 있다. 당황한 다음 순번 어머님은 이야기를 만드는 데 애를 먹는다. 예상을 뒤엎는 전개가 글을 끝까지 읽게 만든다. 궁금증을 자극하기 때문이다. 아이들과 문장 이어달리기를 하면 반전에 반전이 꼬리를 문다. 과연 이보다 더 상상력을 자극하고 구성력을 키워주는 놀이가 있을까?

아이들과 할 때는 문장을 이으면서 모든 문장을 공책에 쓴다. 말로만 할 때는 몰랐던 문장과 문장의 어설픈 연결이 글로 옮겨놓고 보면 눈에 들어온다. 문장 이어달리기가 끝나면 쓴 글을 고치며 완성도를 높인다. 함께해도 좋고 개별로 다듬어도 무관하다.

아이들이 익숙해졌다면 이번에는 공책에 쓸 때 문장 사이에 두 줄씩 공간을 두자. 문장 이어달리기가 끝나면 그 빈 공간을 활용해 각자 이야기를 더 꾸민다. 큰 줄기는 같지만 세부적인 내용은 다양해진다.

구분	내용
개요	앞 사람의 문장을 이어받아 이야기를 전개한다.
효과	상상력을 자극하고 순발력을 키울 수 있으며, 한 편의 글을 함께 쓰면서 글의 구성력을 갖추게 된다.
진행	1. 가위바위보 등 간단한 게임을 통해 순서를 정한다. 2. 아이들은 교사가 제시한 두세 문장 중 하나를 선택한다. 3. 첫 번째 아이부터 돌아가며 앞의 문장 다음에 한 문장씩 덧붙인다. 4. 말하는 모든 문장을 각자의 노트에 받아쓴다. 다섯 번 순환 후 고쳐 쓴다.
유의사항	한 문장에 여러 내용을 담지 않도록 지도한다.

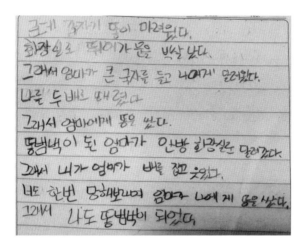

초등 글쓰기
비밀수업

Q 글쓰기가 자제력 향상에 도움이 될까?

　기술의 역습이다. 과학기술의 발달이 우리를 편한 세상으로 인도했지만 적지 않은 상황에서 불편한 게 사실이다. 식당에서 아직 말도 잘 못하는 아이에게 스마트폰을 건네는 부모의 표정은 그리 밝지 않다. 주변에 피해를 주지 않으려는 마음을 이해하면서도 편한 방법에 익숙해진 게 안쓰럽다. 나라고 다르지 않다. 마감이 다가오고 강의 준비가 밀리고 집안일도 쌓일 때면 TV 외에는 방법이 없다. 너무나 쉽게 아이들의 정신을 빼앗는 게 무섭긴 하지만 효과만큼은 확실하기 때문이다.

　한국인은 책을 안 읽는다고 걱정하는 지식인들조차 수 분짜리 책소개 영상을 제공하며 유튜브를 달구고 있다. 독서를 권장한다는 취지와 달리 독서는 요원해진다. 자신들은 깊고 폭넓은 독서로 효과를 실감하면서 오히려 청취자에게는 그 경험을 빼앗는 게 아닐까 우려스럽다. 청취자의 대부분은 짧은 영상으로 얻은 정보에 만족할 뿐 책을 펼치지 않는다. 수많은 콘텐츠가 다음 행동을 이미 결정해놓고 있다. 영상의 간편함에 중독된 우리는 또 다른 영상에 기꺼이 시간을 할애한다. 현대인에게는 정보의 섭취가 사색을 통한 소화보다 급하기 때문이다. 콘텐츠 제공자에게 책임을 돌릴 수는 없다. 그들의 영상이 독서율을 떨어뜨린다는 인과관계도 증명하기 어렵다.

　역설적이지만 IT의 상징이라 할 수 있는 빌 게이츠와 스티브 잡스가 자신들의 자녀에게 엄격한 스마트폰 사용 규칙을 적용한 건 유명하다. 이들뿐이 아니다. 실리콘밸리의 많은 엔지니어들이 퇴근 후에는 스마트폰을 정해진 장소에 두고 일절 만지지 않는다. 미디어 타임을 지정해 하루 30분 이내의 영상 시청 또는 게임을 허락한다. 이유는 단 하나뿐이다. 단순해 보이는 영상과 게임이지만 수많은 전문가와 기술자들이 막대한 시간을 들여 만들었다는 것이다. 이들이 정교하게 설계해둔 수익창출 구조를 아이들의 자제력으로는 결코 이겨낼 수 없다. 부모가 통제하지 않으면 몇 시간씩 빠져든다.

흔히 게임을 많이 하면 성적이 나빠지고 친구 관계에서도 좋지 않을 것이라 예상하기 쉽다. 그러나 몇몇 연구 결과는 예상과 달랐다. 주 1~3회, 매번 1시간 이내로 게임을 하는 학생들의 성적이 오히려 전혀 게임을 하지 않는 학생에 비해 높은 것으로 나타났다.

게임이 공부에 좋다는 말이 아니다. 연구자들도 중독에 가까울 정도로 심한 학생들은 문제를 겪는다는 점, 초등학생의 경우 게임 이용 시간은 30분~1시간 미만이 적절하며 이보다 길 경우 성적 향상에 부정적일 수 있다는 점을 분명히 지적했다. 연구자들은 '효과적이고 적절한 활용'에 방점을 찍었다.

자제력이 관건이다. 과학기술과 분리된 삶을 강요할 수는 없지 않은가! 한정된 에너지와 시간을 중요한 일에 쓰도록 가르쳐야 한다. 기술의 역습에 정신을 빼앗기지 않기 위해서는 스스로 기준을 세우는 것뿐 아니라 지켜낼 수 있는 자제력이 필요하다.

물론 게임이 아니어도 자제력을 기를 방법은 많다. 운동이나 사교 활동을 통해서도 자제력을 기를 수 있다. 일상의 작은 습관, 이를테면 책장을 늘 깨끗하게 정리하는 습관을 기르는 것으로도 가능하다. 다만 이미 게임을 맛본 아이들에게서 스마트폰이나 컴퓨터를 강제로 통제하는 것보다는 규칙을 정해 함께 지켜나가는 게 효과적이라는 것이다.

자제력을 길러주는 방법 중 하나가 바로 글쓰기이다. 특히 자기 성찰적 글쓰기는 자신의 행동, 감정, 상황을 객관적으로 돌아보게 해준다. 불확실했던 감정의 실체나 원인, 영향 등은 논리적인 언어로 풀어 쓸 때 비로소 이해된다. 메타인지와 자제력 및 의지력의 향상, 행동의 변화도 자신에 대한 객관적인 분석과 기록에서 출발한다. 자신에 대해 아는 만큼 정확하게 판단하고 결정하고 행동할 수 있다. 글쓰기는 자신과 나누는 가장 깊은 대화이다. 자신을 이해하는 데 이보다 좋은 수단이 또 있을까.

인물화
쓰기

전체적으로 길쭉한 편이나 볼에 살이 붙었다. 붓 칠을 해놓은 듯 시커먼 눈썹과 큼직하고 높은 코가 눈에 먼저 들어온다. 살집 두툼한 코끝이 전체적인 이미지를 부드럽게 연출한다. 동그란 안경알 속에 자리한 눈은 크고 끝이 내려가 인상은 순한 편이나 단단해 보이진 않는다. 피부는 검게 그을렸고 군데군데 난 점과 잡티 때문에 피부가 좋다는 평을 받긴 어려워 보인다. 면도를 했는데도 짧은 수염 몇 가닥이 턱을 따라 빳빳하게 솟았다. 외모에 정성을 쏟지 않는 성격이 그대로 드러났다. 흰 머리칼은 염색기가 빠진 갈색 머리카락 사이로 나이를 추측할 수 있을 만큼 적당한 비율로 섞여 있다. 줄어든 머리숱 때문에 허전해진 정수리가 이따금 눈에 들어온다.

거울에 비친 내 모습이다. 매일 아침저녁으로 얼굴을 보지만 관심이 적어서인지 문장으로 써놓기 전까지는 내 얼굴이 어떤지 몰랐다. 시간을 넉넉히 갖고 꼼꼼하게 뜯어봤다면 내 얼굴과 더 친해질 수 있었을 것이다.

아이들과 인물화를 써보자. 얼굴을 보며 그리는 대신 글로 쓰는 것이다. 좋아하는 친구 얼굴, 엄마나 아빠 얼굴을 문장으로 옮겨보자. 슬쩍 보고 지나쳤던 친구의 얼굴을 오래도록 바라보는 것만으로도 아이들은 웃음을 짓고 쑥스러워 고개를 돌리고 잘 써 달라 부탁하고 어떻게 썼는지 궁금해 한다. 이토록 유쾌한 글쓰기라면 아이들은 마다않고 연필을 잡는다.

물론 기대하지는 말자. 아이의 글에서 아름다운 수채화를 볼 수는 없다. 오히려 조립을 앞둔 부품에 가깝다. 눈이 있다, 코가 있다, 입이 있다, 점이 있다, 머리가 길다 같이 건조하고 뚝뚝 쪼개진 문장의 나열일 테니까. 그렇다 해도 실망하지 말자. 메말랐다는 건 촉촉해질 여지가 많다는 거니까.

분무기를 살짝만 데 주면 그만이다. 구체적으로 쓰도록 이끄는 게 관건이다. 비유가 들어가면 금상첨화다. 질문을 던지며 함께 발전시키자. 엄마 눈이 어떤데? 뭐처럼 생겼는데? 다른 구석은 없어? 그래서 어떤 거 같아? 엄마도 함께 쓰자. 질문만 늘어놓으면 아이는 싫증낸다. '눈이 있다'로 얼버무렸던 아이들은 '떡국처럼 동그란 눈이 손가락 세 마디 정도 떨어져 있다.'와 같이 구체적인 문장을 써내려갈 것이다.

도서관이나 학교에서 수십 명의 아이들에게 특강을 할 때 쓰는 방법을 소개한다. 나는 단상에 올라 턱을 괴어 고민을 하거나 팔짱을 끼고 왔다 갔다 하며 머리를 넘긴다. 자리에 앉아 얼굴을 쏠어 담은 다음 재채기를 하는 등 적절한 움직임을 연출한다. 우스꽝스런 표정이나 연기를 보탠다면 더할 나위가 없다. 아이들은 이 모습을 문장으로 옮기며 구체적으로 관찰하고 세부적으로 기록하는 재미를 맛볼

수 있다. 응용도 가능하다. 얼마든지 다르게 연출할 수 있다. 아이가
자신의 얼굴을 써볼 수도 있고, 아이가 연기를 할 수도 있다.

구분	내용
개요	옆 사람 또는 선정된 사람의 얼굴이나 행동 묘사하기
효과	세부적으로 관찰하고 구체적으로 쓰게 된다.
진행	1. 제비뽑기, 사다리타기 등으로 상대를 정하고 얼굴을 묘사한다. 2. 전체적인 인상을 쓰고 코, 눈썹 등 구체적으로 기술하도록 지도한다.(혹은 반대) 3. 돌아가면서 발표한다. 상대를 비밀리에 지정했다면 발표하면서 누군지 맞춰본다. 4. 얼굴 묘사 후에는 한 명씩 앞으로 나오게 한다. 다른 아이들은 그 친구의 표정이나 행동을 묘사한다. 교사나 학부모가 직접 연기를 해도 무방하다.
유의사항	실습 진행 전 부정적인 표현(묘사 또는 비유)은 자제하도록 지도한다. 예: 새우만큼 작은 눈, 닭똥집 같은 입술

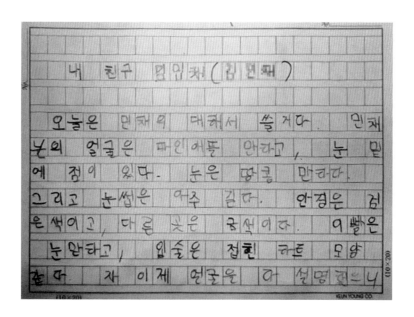

끝말 잇고
글쓰기

끝말 잇고 글쓰기는 단어로 이야기 쓰기를 발전시킨 글놀이다. 어려운 어휘를 쓸 수밖에 없고 전혀 예상 못한 단어의 조합을 글쓰기로 연결시켜야 한다. 그만큼 머리가 아프지만 아이들은 흥겹게 문제를 해결해왔다.

진행 방법은 간단하다. 먼저 순서를 정하고 끝말잇기를 한다. 다섯 번 순번을 돌면 아이들에게는 자신이 말한 단어 다섯 개가 남는다. 이 단어 조합으로 글을 쓴다. 그대로 사용해도 되고 사다리를 타거나 제비뽑기를 해서 다른 단어 조합을 고르게 하는 것도 좋다.

'설사, 사탕, 도둑, 오렌지, 타이어' 기억하는가? 프롤로그에서 소개했다. 그 친구는 끝말잇기를 통해 얻은 이 다섯 단어로 "먹으면 설사를 하게 되는 오렌지 맛 사탕을 훔쳐 먹은 도둑이 차를 타고 도망가다 타이어에 펑크가 났다."라는 멋진 글을 완성했다. 변비에 직통인 사탕이라니! 어떤 맛일지 궁금하지 않은가? 나는 아이들을 믿는다. 아직 굳지 않은 말랑말랑한 상상력이 세상을 바꾸는 힘이 되리라 확신한다.

글쓰기란 연결의 작업이다. 나와 주변의 사물을 잇기도 하고 이 사람의 하루와 저 사람의 하루를 연결 지어 이야기를 만들기도 한다. 과거, 현재, 미래를 잇기도 하며 무관한 듯한 사건을 하나의 스토리로 엮기도 한다. 중요한 것은 세상 모든 것이 연결되어 있다는 것을 이해하는 것이고 실제로 연결 지어 보는 시도이다. 이런 사고의 습관이 태평양 쓰레기 섬의 문제를 내 일상과 연결 지어준다.

이런 연결 작업은 구성력과 상상력을 키워준다. 무관한 단어 다섯 개를 하나의 이야기로 녹여내는 건 쉬운 일이 아니다. 특히 평소에 잘 쓰지 않는 단어라면 더욱 그렇다. 오렌지와 사탕으로 이야기를 쓰다가 타이어를 집어넣기 위해서는 적절한 상황을 조성해야 한다. 그 단어가 난데없이 등장할 수는 없지 않은가. 이야기를 매끄럽게 이어가기 위해 여건을 창조한다는 말이다. 이게 어렵다면 아이들은 비유라는 간단한 방식을 활용하기도 한다. '미사일'이란 단어를 구체적인 사건으로 구성하기 어렵다면 '미사일처럼 빠른 속도로 숙제를 해결하고'와 같은 비유로 해결할 수 있다는 말이다.

설명이 길어졌다. 일단 시도해보길 바란다. 마음을 열 수 있도록 멍석만 깔아준다면 아이들의 놀라운 상상력을 눈앞에서 목격할 수 있다.

구분	내용
개요	게임으로 생성된 무관한 단어 조합을 활용해 이야기를 만드는 놀이
효과	상상력을 자극하는 것은 물론 어휘력을 높일 수 있으며, 글의 앞뒤 맥락을 고민하는 습관을 갖게 된다.
진행	1. 개인별 다섯 개의 단어를 말할 때까지 끝말잇기 게임을 진행한다. 2. 사다리타기, 제비뽑기 등으로 다섯 개의 단어묶음을 선택한다. 3. 5분간 이야기를 작성한 후에 돌아가며 발표한다. 4. 매끄럽지 않은 부분 알려주기, 고쳐쓰기로 확장한다.
유의사항	끝말잇기에서 상대를 이기려 하지 않도록 지도한다.(예: 나트륨, 마그네슘)

[끝말잇기]

토요일	일요일	울처리	리스본	본드
드라이버	버스	스낵면	면발	발냄새
새끼	끼니	니모	모짜렐	렐피스
스낵월드	드라이	저저울	로봇	봇식
진언	안간	건식	식사	사자

난 일요일 아침 6시 20분에 일어나 옷을 입고 집을 나섰다

버스 정유장으로 가서 6737 버스를 타고 미토로 가서 끼니를 채울

음식을 샀다 파프리카, 상선, 사과, 고기 등등 맛있는 먹을거리를 샀다

날씨는 마치 드라이 바람이 얼굴에 닿는 듯한 따뜻한 날씨였다.

오늘도 나란 인간의 일상은 화려하고 평화롭게 지나간다

훈민정음

글이 안 써지는 날은 한참을 앉아 있어도 종이가 하얗다. 아무것도 한 게 없어서 속상하지만 아무것도 안 한 게 아니다. 난 끝없이 고민했다. 뭘 써야 할지. 수없이 썼다 지웠을 뿐이다. 글을 자주 쓰는 나조차도 의식하지 않으면 이런 늪에 빠질 때가 있다. 해답은 간단한데 빠지고 나면 답이 안 보인다.

고치지 않고 일단 쓰는 것이다. 한참을 쓴 뒤 고친다. 처음부터 완벽한 글, 마음에 쏙 드는 글을 쓰려고 하면 초보자들은 한 걸음도 떼기가 어렵다. 그러니 세상에서 가장 쓸모없는 고민이 바로 첫 문장으로 뭘 쓸까이다. 물론 초고를 쓸 때 말이다. 고쳐 쓸 때는 첫 문장을 매력적으로 진화시키기 위해 충분히 고민해야 한다.

글을 시작할 때 글자 하나를 정해주는 것도 큰 도움이 된다. 예를 들어 '살'이라고 써놓으면 그 글자로 시작하는 친숙한 단어가 머리를 저절로 지배하게 된다. 그 중 맘에 드는 단어를 골라 쓰면 된다. '살점이 떨어지는 고통을 이겨낸 뒤에야 이순신 장군은 조선의 영웅으로 우뚝 설 수 있었다.'는 문장을 쓰는 데는 몇 초가 안 걸렸다.

시작이 중요하다. 그러니 시작 단계에서 머물지 말고 그 문턱을 넘어서 글 속으로 들어가야 한다. 이걸 도와주는 글놀이가 바로 훈민정음이다. 쉽게 말하면 삼행시이다. 다만 '서울외곽순환고속도로'처럼 글자 수가 여덟 개 이상으로 긴 단어를 정해야 한다. 이와 같은 단어를 선정하는 것에서 시작한다.

단어를 정하면 노트 위에 세로로 한 글자씩 단어를 풀어쓴다. 그 다음 각각의 글자로 시작하는 문장을 내용이나 형식의 구애 없이 자유롭게 써내려간다. 여덟 글자를 기준으로 3분이면 충분하다. 이후 자신이 만든 문장 중에서 가장 마음에 드는 문장 두어 개를 발표한다. 하지만 머지않아 아이들은 자연스럽게 이야기를 만들게 된다. 무관한 문장을 여러 개 만드는 것보다 이야기를 쓰는 게 재미있기 때문이다.

한 글자도 쓰지 못하는 아이가 있다면, 한 글자만 써주자. 자유로운 글쓰기에 어려움을 느꼈던 친구도 훈민정음 글놀이에서는 의외의 필력을 발휘했다. 문 밖에서 고민하는 친구에게 문만 열어주는 것이다. 그 다음 문제는 아이가 스스로 해결한다.

구분	내용
개요	주어진 글자로 문장 또는 이야기 완성하기
효과	글쓰기의 부담감을 해소시키고 상상력을 자극한다.
진행	1. 아이들은 스스로 '국가대표축구선수' 같이 8음절 이상의 단어를 생각해낸다. 2. 찾아낸 단어를 노트에 한 글자씩 세로로 쓴다. 3. 3분간 각각의 글자로 시작하는 문장을 기술한다.(내용, 형식 자율) 4. 수준에 따라 각 문장을 연결해서 이야기로 만들도록 지도한다.
유의사항	구체적 정보, 인물이나 상황 묘사가 포함되도록 문장을 작성한다. *예: 나는 학생이다(X)→나는 초등학교 4학년이고 글쓰기를 좋아한다.(O)

~~~~~사나은 논다에 실려서 왔다. 집에서 우리집 강아지

가 : 가방을 매고 학교에 갔다.
나 : 나비가 내 가방 위에 앉았다.
다 : 다가오는 시험을 앞두고 학교에 가려니 가기 싫다.
라 : 라면이나 먹고 싶다.
마 : 마법사가 될 수 있다면!
바 : 바로 시험을 반으로 되돌릴 텐데
사 : 사육되는 동물들이 나보다 나을 것 같다.

초등 글쓰기
비밀수업

감정 빙고

참을성, 인내, 원만한 관계 같은 표현은 담임 선생님께 들었던 최고
의 칭찬이었다. 초등학생이던 때, 통지표에 또박또박 쓰인 선생님의
글씨를 보면 그렇게나 기분이 좋을 수 없었다. 나는 스스로를 촐싹대
지 않고 점잖으며 의젓한 사람이라 믿어왔다. 그래야만 할 것 같았
다. 대부분의 삶을 그렇게 살았다.

하지만 어느 순간 그런 평가가 내 모습의 일부에 불과하다는 걸 깨
달았다. 내 안에는 댄스가수도, 나이트클럽 웨이터도, 피 한 방울 안
나는 판사도 있었다. 두드러지는 성향 때문에 소중한 다른 감정을 감
출 필요는 없었는데 나는 애써 외면했다. 난 점잖고 의젓한 사람이잖
아. 이런 곳에서 촐싹거리며 춤을 출 수는 없어. 체면이란 게 있는데.
하지만 마음 한 편에서는 어린 시절의 내가 몸을 무대 안으로 밀어
넣고 있었다.

즐거운 순간에도 춤을 추거나 크게 웃지 않는다. 슬플 때도 눈물을
훔치고 당당해야 한다. 감정을 드러내는 일은 부끄럽고 창피한 일이
다. 어른답지 못한 행동이다. 돌부처처럼 흔들림이 없어야 옳다. 게다

가 주변 사람도 배려해야 한다. 내 감정만 중요한 게 아니기 때문에.

이 때문일까? 감정을 표현하는 게 매우 서툴고 어렵기만 하다. 따라서 답답한 삶을 지속하며 속을 뭉그러뜨리는 데 익숙해진다. 성향의 차이를 인정하더라도 우리는 마음을 표현하는 일에 미숙하다. 감정은 관리해야지 억제해서는 안 된다. 무조건 억누른다고 능사는 아니다. 분풀이하듯 폭발시켜도 문제다. 호감이든 악감이든 적절히 관리하지 못하면 당사자에게는 병을 불러오고 상대방에게는 마음에 흉터를 남긴다. 감정 표현에 익숙하고 능해지면 상대방과 관계를 그르치지 않고 풍요롭게 이어갈 수 있다. 감정이 메마른 사람은 누구든 가까이 하고 싶지 않으니까.

아이들에게 감정을 알려주고 싶었다. 그래서 만든 글놀이가 바로 감정 빙고다. 하루를 그저 '재밌는' 하루가 아닌 '화도 나고 섭섭하기도 했지만 유쾌했고 설렜고 그러면서도 조금은 힘들었던' 하루로 기억하도록 돕고 싶었다. 하루에도 여러 감정을 경험하고 산다는 걸, 우리의 삶은 수많은 감정의 기록이란 걸 알려주고 싶었다.

감정 빙고는 아이들이 각자의 노트에 가로세로 5×5 빈칸을 만들며 시작된다. 나는 미리 정해둔 25가지 감정을 하나씩 알려준다. 이때 단어를 그대로 부르는 게 아니라 표정이나 행동으로 보여준다. 아이들은 각자 원하는 칸에 감정 단어를 써넣는다. 표가 완성되면 돌아가며 원하는 감정을 말하고 동그라미를 친다. 단, 그 감정을 경험한 자신의 이야기를 간단하게 소개해야 한다. "수업 시간에 다른 친구랑 같이 떠들었는데 나만 혼나서 속상하고 억울했어." 한 친구의 발표에 모두 '억울'이란 단어에 동그라미를 친다. 이후 나도 그랬는데, 그 단어 내가 하려 했는데 따위로 시끌벅적한 상황이 연출된다.

세 줄을 완성하는 우승자가 나올 때까지 게임을 지속한다. 게임이 끝나면 자신이 완성한 줄 중에 하나를 고르고 그 줄에 있는 다섯 개의 단어를 원고지 상단에 쓴다. 글쓰기 주제는 '오늘 하루', 다섯 개의 감정을 넣어 일기를 쓰는 것이다. 어렵지만 아이들은 놀랍게도 각자의 기지를 발휘해 해결한다.

구분	내용
개요	다섯 가지 감정을 표현하는 글쓰기
효과	감정을 글로 쓰고 공유하는 과정을 통해, 감정 표현에 대한 거부감이 줄어든다.
진행	1. 아이들은 노트에 가로세로 5×5 빈칸을 만든다. 2. 교사가 제시하는 25개의 감정을 원하는 자리에 채워 넣는다. 3. 순서를 정하고 돌아가며 특정 감정을 경험한 사건을 간단히 소개한다. 4. 세 줄을 먼저 완성하면 승리다. 게임이 끝난 뒤에는 글쓰기로 연결한다.
유의사항	경험 이야기가 장황해져 게임 진행을 방해하지 않도록 유연하게 지도한다.

 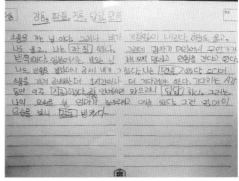

스무고개

자세히 보아야 예쁘다.

오래 보아야 사랑스럽다.

너도 그렇다.

나태주의 '풀꽃'을 보면 마음이 일렁인다. 내가 누군가를 이렇게 보고 있는지 궁금해진다. 하지만 얼마 안 가 아내, 아이, 부모님을 비롯한 가족은 물론이고 친구, 지인을 향했던 내 시선에 반성하게 된다. 자세히 오래 보지 않으면 진심을 알 수도 전할 수도 없다. 관계를 지속하는 일은 깊고 오랜 관심이 있어야 가능하다.

아이들은 '자세하게 오래'라는 말을 힘들어 한다. 집중력 때문이다. 쉽게 싫증을 내고 수시로 관심을 돌린다. 그런데 집중이야말로 새로운 발견을 불러오고 남다른 관점을 키워준다. 창조란 능력이기 이전에 습관이다. 자세히 오래 보면서 그 속에서 다름을 볼 수 있어야 한다.

스무고개란 글놀이는 이런 문제의식에서 출발했다. 아이들의 글은

초등 글쓰기
비밀수업

다른 듯 비슷하고 비슷한 듯 다르다. 마치 짠 것처럼 하나같을 때도 있다. 아이들에게 떡볶이는 맵지만 맛있고 수학은 쓸모도 없는데 어렵기만 하다. 엄마는 예쁘지만 잔소리가 많고, 아빠는 일이 너무 바빠 놀아주지 못하지만 그래도 좋다고 한다. 이런 표현이 틀렸다는 게 아니다. 다른 면을 보지 못해 아쉽고 다르게 표현 못해 안타깝다는 말이다.

밤하늘을 데워주는 포근한 달을 떠올려보자. 지구를 향해 내민 친근한 얼굴과 달리 달의 뒤통수는 수많은 혜성이 할퀸 흉터 탓에 기이하다. 아프다는 말을 연신 내뱉는 달의 신음이 들린다. 달이 혜성의 공격을 온몸으로 막아서며 지구를 지켜줬다는 사실은 뒷면을 봐야 알 수 있다. 사물이나 현상, 사람의 다양한 면을 살피려면 자세히 오래 봐야 한다는 뜻이다. 쓱 지나치면 보이는 게 없다.

자 그럼 스무고개를 해보자. 먼저 아이들이 단어를 하나 정하도록 한다. 우유, 운동, 숙제, 사랑 등 아무 거나 좋다. 그 다음은 흩어져 선정한 단어를 설명하는 문장을 다섯 개씩 작성한다. 다시 모인 다음 아이들은 각자 작성한 문장을 공유한다. 80% 이상 중복된다. 겹치는 문장을 지우고 다시 스무 문장을 완성할 때까지 머리를 맞댄다. 이 과정에서 부모는 개입하지 않는다. 이때 아이들은 선정한 단어, 즉 우유, 운동, 숙제 등을 자세히 오래 바라보게 된다. 지금 바로 해보면 안다. 어른에게도 스무 개의 힌트를 쓰는 건 결코 쉽지 않다.

그 다음 아이들은 난이도를 따지며 말할 순서를 정한다. 부모는 하나씩 들으며 그 단어가 무엇인지 맞춘다. 너무 이기려 들지 않으면 아이들은 재밌게 놀이에 몰입한다. 이후 역할을 바꾸거나 팀을 나눠 대항전을 붙여도 좋다.

구분	내용
개요	20개의 단서를 통해 어떤 현상이나 사물을 맞춰가는 게임
효과	구체적이고 세부적으로 때로는 다른 관점에서 관찰하고 생각하는 습관을 길러준다.
진행	1. 공통 단어를 하나 정한 뒤 설명하는 문장 5개를 각각 작성한다. 2. 모두 작성하면 모여서 중복되는 문장을 지우고 새로운 문장을 작성한다. 3. 20개의 문장을 정하고 난이도를 고려해 무엇부터 말해줄지 순서를 결정한다. 4. 아이들은 돌아가며 문장을 말하고, 교사는 무엇인지 맞춰본다. * 이후 역할을 교대한다. 아이들끼리 두세 명씩 팀을 나눠 시합도 가능하다.
유의사항	과도하게 추상적인 설명은 지양한다.(예: 지구 어딘가에 있는 물건이다.)

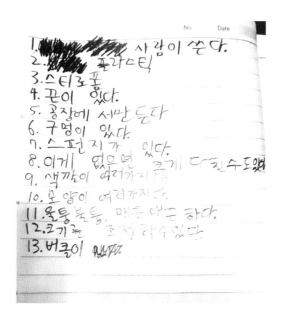

초등 글쓰기
비밀수업

같은 말이라도 흥미진진하게 하는 사람이 있다. 다음 이야기가 궁금해 집중할 수밖에 없다. 구성은 글의 재료를 배치하는 일이다. 하나의 메시지를 전달하기 위해 필자의 의견이나 경험담, 통계 자료, 전문가 조언, 사례, 고전의 한 문장, 뉴스 등을 사용한다. 이것들을 어떻게 배치하느냐에 따라 메시지는 가슴 깊이 파고들 수도 있고, 변죽만 울릴 수도 있다.

우리는 학창 시절 대부분 배경 설명, 주장, 근거 제시 혹은 서론, 본론, 결론으로 이어지는 글의 구조를 구성으로 생각했다. 논리적인 글을 오랜 기간 써오며 삼단구조에 심취했었다. 하지만 이런 식의 구성은 재미와 흥미를 떨어뜨린다. 효과적인 전달에 주목하는 글이라면 몰라도 이 세상에는 얼마나 많은 종류의 글이 있는가! 우리는 너무 단순화된 글의 전개를 당연한 듯 학습해왔다. 논리로 따지자면 대학교수의 논문을 빼놓을 수가 없다. 하지만 그런 글이 얼마나 소비될까? 너무 재미있어 커피를 마시며 매일 아침 한 편씩 읽고 있는가?

물론 효과적인 메시지 전달을 위한 글, 예를 들어 조직 생활에 필요한 보고서 작성과 같은 글은 패턴을 따르는 게 유리하다. 왜냐하면 독자 자체가 중요한 결론부터 원하기 때문이다. 《150년 하버드 글쓰기 비법》이란 책에서는 OREO라는 절차를 제안했다. O opinion 의견을 먼저 말하고, R Reason 이유를 말한다. 그리고 E Example, 사례를 통해 이유가 타당함을 증명한다. 마지막으로 O opinion 의견을 정리하고 제안을 한다. 나 또한 조직 생활을 하는 직장인에게 메시지 작성이나 소통을 말할 때는 CLAP이라는 툴을 소개한다. C conclusion 결론부터 말한다. 그 다음 L Logic 결론이 타당한 판단이라는 이유와 근거를 댄다. A Action 해야 할 일들을 구체적으로 언급한다. 그리고 마지막이 P Perfection 완전, 완벽으로 마무리를 뜻한다. 제대로 이해했는지 내용을 간결하게 정리하는 것이다.

서론본론결론이든 OREO든 CLAP이든 효과적인 틀은 존재한다. 하지만 이것을 정답으로 착각해 아직 사고력이 발달하지 않은 아이들에게 강요한다는 게 문제다.

정보의 유무, 메시지의 의미나 효용성을 떠나 대중에게 읽히는 글은 일단 구성력이 뛰어나다. 서론-본론-결론을 따지지 않는다. 지하철의 좌석배치를 말하며 인간심리를 소개하고, 프로포즈 경험담을 말하면서 위기대처능력의 중요성을 언급한다. 구성력이 높은 글은 반전을 통해 강렬한 인상을 남긴다. 첫 문장에서 마지막 문장까지 금세 눈동자를 옮겨놓는다.

아이들도 발표를 할 때는 다른 친구들의 반응을 살핀다. 웃지도 않고 심지어 딴 짓을 한다면 그날 글을 쓸 때는 칼을 간다. 초등학교 3학년의 수준임을 감안하고 보자. 아이들은 이런 식으로 구성력을 발휘한다.

"오늘은 가족 소개를 하겠다. 아빠는 제일 나중에 말하겠다. 왜냐하면? 두구두구두구! 들어보면 안다. 먼저 엄마를 소개하겠다.", "지난 주말에는 친구 네 명과 수영장을 갔다. 친구 네 명은 흥민, 의조, 인범 그리고 나머지 한 명은 안 가르쳐주지!" 불과 세 문장 뒤에 마지막 친구의 이름이 나오지만 아이들은 친구를 궁금하게 만들려고 애를 썼다.

어릴 때부터 이런 노력을 기울이면 소위 독자를 고려한 글쓰기가 가능해진다. 이야기꾼이 될 수 있다. 논리적인 글도 더 재미있고 흥미롭게 쓸 수 있다. 설득과 협상에 필요한 자질도 구비할 수 있다. 구성력이란 결국 사람의 심리를 깊게 고민하는 일이기 때문이다.

문자공격

다급한 상황에서는 집중력이 높아진다. 그 문제만 보이기 때문이다. 글쓰기에서 이런 상황을 어떻게 구현할 수 있을까? 아이들이 급하게 뭔가를 처리해야 한다면, 바꿔 말해 몇 초 만에 문장을 만들어내야 한다면 집중력을 높일 수 있지 않을까? 그렇게 된다면 문장을 생산하는 부담을 덜어줄 수 있지 않을까? 연필을 잡고 종이 앞에 앉으면 진지해지는 걸 넘어 무거워지기 쉬우니까 편하게 시작하는 걸 경험하게 해주고 싶었다.

게임의 특성을 최대한 살렸다. 글자 하나를 정해서 상대에게 날리면 상대방은 그 글자로 시작하는 아무 문장이나 만들어 답한다. 그 다음은 임의의 상대를 지목하며 자신이 공격당했던 것과 같은 방식으로 글자를 하나 던진다. 이후 패턴은 동일하다. 예를 들면 이렇다. 철수가 '가'라는 글자를 받으면 '가방에 책이 가득하다'와 같은 문장을 말한 뒤 민수 혹은 영희를 가리키며 '시' 혹은 아무 글자를 말한다. 그 다음은 철수가 했던 식으로 대응한다.

몇 차례 진행하면 아이들은 자신이 던질 글자를 공책에 메모한 다음 손가락으로 짚어가며 게임에 임한다. 이쯤 되면 진행속도가 빨라지며 문장이 짧아지는 부작용이 드러난다. 이 시기를 적절히 포착하여 조건을 추가해보자. 긴장감이 높아지고 문장은 길어질 수밖에 없다.

조건은 간단하다. 우선 '엄마', '아빠'와 같은 인물을 포함시키도록 한다. 그러면 아이들은 두 개의 제약을 받게 된다. 부여받은 특정 '글자'로 시작해야 하며 문장에는 어떤 '인물'이 포함되어야 한다. 앞의 '가'를 예로 들면, '가방을 사러 엄마와 같이 마트에 갔다'는 문장을 만들게 된다. 하지만 이처럼 단순한 조합은 아이들이 금세 적응한다.

해결 방법은 간단하다. 다른 조건을 하나씩 추가하면 그만이다. '시간', '장소', '특정 단어'를 포함시키도록 하면 아이들은 점점 한 문장으로 말하는 게 어려워진다. 자연스러운 문장으로 말하기 위해서는 문장 길이를 줄이고 이야기를 만들어야 한다.

하지만 놀랍게도 아이들은 이 모든 조건을 만족시키는 이야기를 불과 몇 초 만에 완성한다. '나'로 시작하면서 '엄마', '캠핑장', '수요일'을 넣어야 하는 상황에서 아이들은 이런 문장을 만들어냈다. '**나**는 **캠핑장**에서 주말을 보냈다. **엄마**는 일요일에 올라가야 한다고 했지만 나는 **수요일**까지 있고 싶었다.'

문자공격은 아이들의 순발력뿐 아니라 창작 본능을 깨우쳐 준다. 이야기를 하려는 것은 인간의 본능이다. 남들이 자신의 이야기에 관심을 보인다면 그 욕구는 더 커질 것이다. 그 상황을 만들어주는 게 어른의 역할이 아닐까. 점점 본능을 억제하고 생각을 죽이면 아이들의 미래는 어둡다. 문장을 만들고 스토리를 엮는 게 쉽고 재미있다는 걸 아이들이 알면 좋겠다.

구분	내용
개요	상대방이 던져주는 글자로 문장 또는 짧은 이야기 만들기
효과	문장력과 구성력, 순발력을 키울 수 있고 글쓰기에 대한 부담을 덜 수 있음
진행	1. 교사는 글자 하나를 정해 아이에게 제시한다. 2. 아이는 그 글자로 시작하는 문장 하나를 말한 다음 무작위로 대상자를 지목한 뒤 글자 하나를 던진다. 3. 서너 번 순서가 돌아가면 문장에 포함시킬 조건을 추가한다. 4. 조건이 많아지면 서너 문장으로 구성된 짧은 이야기를 말하도록 유도한다.
유의사항	추가된 조건은 잘 보이는 곳에 기록해둔다.

먹방스타

글을 못 쓰는 사람은 없다. 한글만 알면 누구나 쓸 수 있다. 누구나 생각이란 걸 하지 않는가? 글쓰기란 생각이나 머릿속 이미지를 눈앞에 문자로 꺼내놓는 일이기 때문이다. 그럼에도 불구하고 대부분의 사람들은 글을 전혀 못 쓴다고 착각한다. 아이든 어른이든 일단 써보면 우려했던 것보다 잘 쓴다는 사실에 스스로 놀란다.

나는 유쾌한 분위기, 자유로운 참여와 소통, 놀면서 쓰게 되는 글놀이를 통해 아이들을 쓰도록 이끌었다. 초창기에는 '이런 식으로 써'라며 방식을 제시하지 않았다. 멍석만 깔았다. 허무하게 들릴지 모르겠지만 아이들은 알아서 썼다. 창의적이고 흥미로운 창작도 아이들 스스로 터득했다. 나는 그저 구체적이고 자세하게 가능하면 정확하게 쓰도록 적절한 시기에 짚어줬을 뿐이다.

그럼에도 강조했던 건 어휘이다. 효과가 나타나지 않아도 기회가 될 때마다 이야기했다. 그 이유는 어휘력이 정확한 글쓰기와 직결되기 때문이다. 같은 현상이나 대상도 다양한 어휘로 표현된다는 것을, 그러면서도 차이가 있다는 것을 깨닫게 해줘야 한다. 물론 아이들이

다보니 세심한 어감의 차이를 이해할 수 없다는 점은 감안해야 한다.

상황에 맞는 어휘를 사용하기 위해서는 일단 많은 낱말을 알아야 한다. 풍부한 단어의 바다에서 어울리는 녀석을 골라 배치해야 한다. 창의적이고 신선한 표현도 아는 단어가 어느 정도 되어야 만들 수 있다. 아는 단어의 수가 빈약하거나 쓰는 단어만 사용할 경우 표현이 풍성해지지 않고 사고가 깊어지지도 않는다.

이 문제를 도와주기 위해 만든 글놀이가 바로 '먹방스타'이다. '어휘'라는 말 자체가 가진 무게감 때문에 편하게 다가갈 수 있는 먹거리와 연결을 지었다. 우선 아이들은 최근에 먹었던 음식 스무 개를 떠오르는 대로 기록한다. 세로로 한 줄에 한 가지씩 쓴다. 스무 개가 완성되면 아이들은 그 옆에 해당 음식의 맛을 쓰는데, 이때 '맛있다'와 '맛없다'는 표현은 사용할 수 없다. 대신 미각뿐 아니라 후각, 시각, 촉각 등 모든 감각을 사용하도록 허락한다. 또 하나, 각각의 표현은 중복되면 안 된다. 예를 들어 '김치'를 '맵지만 라면을 먹을 때 꼭 필요하다'고 표현했다면, '김치찌개'에서는 '맵다'는 표현을 사용할 수 없다.

과연 몇 개의 음식을 어느 정도까지 표현할 수 있을까? 여기에서 아이들의 어휘력이 나타난다. 어려운 낱말을 사용한다는 게 아니다. 알지만 평소 쓰지 않는 낱말을 꺼내기 시작한다는 의미이다. 이런 경험과 의식적인 노력이 결부되면 아이들은 한 문단에서 동일한 어휘를 몇 번씩 반복하는 게 이상하다는 걸 직감적으로 깨닫는다. 이제부터 어휘력은 놀랍도록 확장된다. 그 다음부터는 아이들이 알아서 키운다.

이 글놀이를 원고지 쓰기와 연결해보자. 내가 몇 번 쓴 방식은 음식을 만든 사람에게 편지를 쓰는 것이다. 고마움을 표현하는 이보다 더 구체적이고 신선한 방법이 있을까?

구분	내용
개요	먹어본 음식의 맛을 다양하게 표현
효과	낯선 어휘를 선택하고 생소한 문장을 만들어보면서 상상력과 표현력이 향상된다.
진행	1. 최근 먹은 음식 이름 스무 가지를 쓴다.(한 줄에 하나씩) 2. 작성이 끝나면 우측에 맛을 기록해본다. 음식별로 중복되는 표현은 쓰지 않는다. 3. 미각뿐 아니라 청각, 후각, 시각도 활용하도록 지도한다. 4. 자신 있는 표현을 선택해서 발표하고 엄마에게 편지쓰기로 마무리한다.
유의사항	'맛있다', '맛없다'는 표현은 불가하다. 먹는 순간을 상상하면서 쓰도록 지도한다.

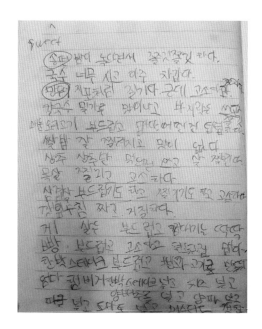

땅따먹기

아이디어는 스치듯 떠오를 때가 많다. 포착하지 않으면 연기처럼 사라진다. 하지만 때로는 향기처럼 오래 남는다. 땅따먹기라는 글놀이가 그랬다. 어릴 때 추억과 긴밀하게 닿아 있어 결코 잊을 수 없었다. 수업에 바로 도입했는데 반응이 좋았다. 아이들은 집중했고 놀라운 이야기를 여럿 만들어냈다.

종이 위에 수많은 점을 찍은 다음 두 점을 이어 선분을 만들고 다시 선분에 선분을 연결하며 삼각형을 만드는 놀이를 기억하는가? 종이 한 장, 파란색과 빨간색 볼펜 한 자루, 그리고 손바닥 길이만 한 자 하나로 두 사람이 한참을 놀았다. 삼각형의 마지막 선분을 잇는 자가 그 삼각형의 주인공이 되는 일종의 땅따먹기 말이다.

추억의 삼각형 만들기를 글놀이로 발전시키는 건 쉬웠다. 종이 위의 점은 단어로 바꾸고 점을 연결할 때는 두 단어가 들어간 문장을 말한다. 삼각형을 이루는 마지막 선분을 그을 때는 단어 세 개를 모두 한 문장에 넣어야 한다. 우승자에게는 작은 선물을 준다.

하지만 이 게임의 진짜 목적은 문장이 아닌 어휘력 향상에 있다.

단순히 삼각형을 만드는 거라면 종이 위에 어떤 식으로 점을 찍어도 상관없다. 어차피 필요한 건 수많은 '점'이니까. 하지만 글놀이에서는 단어를 쓰는 과정이 중요하다. 다양한 어휘를 떠올리고 단어 간 상관관계를 고민하게 해야 한다. 내가 도입한 방법은 아래와 같다.

순서를 정한 다음 돌아가며 단어를 쓴다. 단, 주사위를 던져 나온 숫자에 따라 쓸 수 있는 단어의 조건이 정해진다. 1이나 2면 쓰고 싶은 대로 쓴다. 3이나 4면 앞 단어와 비슷한 단어를 쓴다. 5나 6이면 반대말을 쓴다.

먼저 파란색 펜으로 체언(주어, 보어, 목적어 등)을 쓴다. 보통 엄마, 도시락, 컴퓨터 같은 구체적인 단어에서 시작해 우정, 분노 같이 개념적인 단어로 확장한다. 앞사람이 도시락을 썼는데 주사위를 던져 나온 숫자가 3이나 4라면 김밥, 샌드위치 등을 쓸 수 있다. 아이들은 비슷한 범주로 묶일 수 있는 단어를 고민하고, 진행자는 다른 아이들의 의견을 묻거나 적절한지 판단해준다. 5나 6이면 도시락과 반대되는 말을 써야 한다. 밥상, 삼겹살 등이 가능하다. 딱 맞아 떨어지는 어휘는 많지 않기 때문에 아이는 반대말이 될 수 있는 근거를 대야 한다. "도시락은 간단한데 삼겹살은 푸짐하고 비싸요." 이 정도의 근거면 충분하다. 이런 식으로 30개 정도를 써낸다.

다음으로는 빨간색 펜을 이용해 용언(동사와 형용사)을 쓴다. 예를 들면 좋다, 싫다, 예쁘다, 먹다, 오다, 화내다 같은 단어이다. 방식은 1차와 같다. 이 과정까지 끝내면 종이 위에는 체언과 용언이 약 60개 정도 널려 있게 된다. 이제 이걸 가지고 검은색 펜으로 선분을 이으며 삼각형을 만든다. 선분을 이을 때는 꼭짓점에 해당하는 두 단어가 들어간 문장을 말해야 한다. 삼각형이라면 세 단어가 들어간 한 문장 또는 이야기를 만들어야 한다. 지금 한번 해보자. 어지러운 종이를 살펴보니 다른 친구들이 놓친 미완의 삼각형이 눈에 들어온다. '아이스크림'과 '잔소리하다'를 연결하면 삼각형이 완성된다. 절호의 찬스다. 그런데 나머지 꼭짓점이 '똥'이다. 뭐라고 말할 수 있나?

구분	내용
개요	두세 개의 단어를 이용해 문장을 만드는 놀이
효과	단어 선택이 제약받는 상황에서 문장을 만들어내면서 상상력과 문장력이 향상된다.
진행	1. 순서에 따라 주사위를 던져 나온 숫자에 따라 A3 종이 위에 단어를 쓴다.(1~2: 임의의 단어, 3~4: 앞 단어의 유의어, 5~6: 앞 단어의 반의어) 2. 1차에서는 파란색으로 사물을, 2차에서는 붉은색으로 동작어(체언)를 쓴다. 3. 종이가 어느 정도 차면 두 단어를 줄로 이으면서, 해당 단어로 문장을 말해 본다. 4. 삼각형을 만드는 사람은 해당 지역의 주인이 된다. 많은 땅을 가지는 사람이 승리하는 게임이다.
유의사항	꼭짓점을 이루는 단어 이외에 다른 단어를 포함시켜 문장을 만들도록 지도한다.

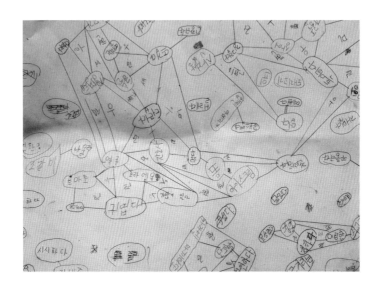

그 밖의
13가지 글놀이

▷ ▷ ▷

1. 문장으로 이야기 만들기

- 단어로 이야기 만들기보다 발전된 형태이다.
- 큰 종이를 준비하고 돌아가면서 아무 문장이나 하나씩 써본다.
- 문장쓰기가 끝나면 종이에 쓰인 문장이 모두 포함된 이야기를 각자 만든다.
- 형태는 바꿀 수 있으나 내용은 바꿀 수 없다.

  예) 나는 울었다 → 나는 울었지만(O) / 나는 울지 않았는데(X)

2. 사물 관찰하고 쓰기

- '사진 보고 쓰기'에서 시작해 '실제 사물'을 관찰하는 훈련이다.
- 장난감, 과일, 화분 등을 책상 위에 놓고 본대로 쓴다.
- 처음에는 자유롭게 쓰도록 분위기를 편하게 만든다.
- 점차 '남들이 못 볼 것 같은 점'을 쓰도록 지도한다.
- 익숙해지면 공원의 개미집, 나무껍질 등을 관찰하며 쓴다.

3. 전경 스케치하기

- 이 글놀이는 교사의 움직임을 메모하는 것으로 시작한다.
- 웃긴 표정, 과장된 행동을 놓치지 않고 쓰는 게 목적이다.
- 익숙해지면 장소를 외부로 옮긴다.
- 카페, 도서관, 공원 등 공개된 장소의 모습을 글로 옮긴다.
- 아이들은 자유롭게 오감을 활용해 느끼는 대로 문장을 만든다.

4. 찾아가는 길 설명하기

- 비교적 상세한 약도를 준비한다. 지도를 출력해도 좋다.
- 각자 다른 출발지와 목적지를 정해주고, 아이들은 '찾아가는 길'을 써본다.
- 발표자는 출발지를 알려주고 설명문을 발표한다. 듣는 사람은 설명대로만 찾아간다.
- 발표자는 듣는 사람이 제대로 도착했는지 확인하고, 오류가 있으면 설명문을 수정한다.

  예) 주유소에서 오른쪽으로 간다 → 주유소를 지나서 오른쪽으로 꺾는다.

5. 본 대로 그리기

- 종류, 크기, 색깔, 위치 등이 다른 '도형 그림'을 나눠준다.
- 아이들은 도형이 어떻게 놓여 있는지 글로 옮긴다.
- 다 쓴 다음 돌아가며 발표하고 아이들은 들은 대로 그려본다.
- 보통 들은 대로 그릴 수 없는 걸 바로 깨닫게 된다.
- 보다 자세하게 고쳐 쓰도록 시간을 준다.

예) 동그라미가 있다 → 동전 크기의 파란색 동그라미가 오른쪽 중앙에 있다.

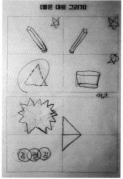

6. 단어 연상 후 빙고

- 단어를 하나 제시한 후에 연상되는 단어를 10개씩 쓴다. 별도로 5×5 빈칸을 만들어둔다.
- 단어 하나씩 돌아가며 발표하고 빈칸에 써 넣는다. 단, 앞에서 다른 친구가 말한 단어는 자신의 차례에 말할 수 없다.
- 단어가 소진된 친구와 달리 단어가 많이 남은 친구는 매트릭스에 자신만의 단어를 더 채워 넣을 수 있다.

※ 10개의 단어를 쓸 때 이 점을 강조하면 아이들은 자신의 스토리(단어)를 찾으려 애쓴다.

- 매트릭스를 이용해 빙고 게임을 진행한다. 방식은 '감정빙고'와 동일하다.

※ 방학이 끝나고 혹은 여행에서 돌아온 후에 이 게임을 해보면 좋은 글을 기대할 수 있다.

7. 친구는 거울

- 친구를 포함해서 아는 사람 스무 명의 이름을 세로로 한 줄에 한 명씩 쓴다.

- 이름을 다 쓴 뒤에는 각자의 특징을 두어 개씩 쓰되 중복되는 특징은 쓸 수 없다.

- 노트에 쓴 글을 자신의 원고지에 자신의 이야기로 바꿔 쓴다.
  예) 철수는 성실하고 친구를 배려함 → 나는 게으르지만 타인을 이해하는 편이다.

- 글의 구성은 빈약하지만 자신의 특징을 서른 개 이상 확인할 수 있다. 시간이 허락한다면 비슷한 특징끼리 묶어 '자기소개' 글로 고쳐본다.

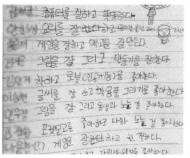

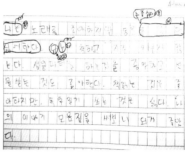

8. 노랫말 바꿔 쓰기

- 아이들이 모두 아는 노래 중에서 세 곡을 선정한다.
- 다함께 부른 다음, 노랫말을 바꾸는 게임이라고 알려준다.
- 친구 소개, 일기쓰기, 가족 소개, 자기 장점 등 주제를 제시한다.
- 박자에 맞춰 노랫말을 정확하게 새로 만들어야 한다.

  ※ 글자 수에 맞는 적절한 어휘를 선택하는 과정에서 언어 감각을 기를 수 있다.

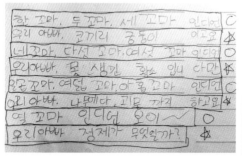

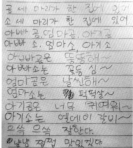

9. 신체 부위 쓰기

- 아이들은 손바닥, 손등, 팔꿈치, 무릎, 얼굴 등을 관찰한다.

- 흉터를 찾아서 공책에 메모하게 한다.

- 다섯 군데 정도 찾으면 다쳤던 날의 경험을 글로 쓴다.

- 흉터가 없다면 몸과 관련된 어떤 기억이든 글로 옮기게 한다.

  ※ '내 몸'을 통해 글감을 만드는 쉬운 방법을 체험할 수 있다.

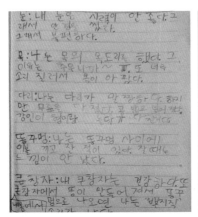 

10. 삼행시 게임

- 3음절 단어를 2개씩 생각해내고 공유한다.

- 노트에 친구의 단어를 포함해 10개 내외의 단어를 쓴다.

- 각 단어로 세 문장짜리 짧은 글을 쓴다.

- 익숙해지면 공통된 주제나 콘셉트가 있도록 작성한다.

  예) '냄새'라는 단어가 모두 들어간다. / 좋아하는 것에 대한 이 야기이다.

자유의 여신상은
유리가 햇빛기 비친 것처럼 빛나...
의상도 계별 것이다.

여신 같고
신비로울 거 ?
상상도 못 할만큼.

발:발 냄새 나는
키:키위를
리:리본으로 묶어서 던졌다.

똥:똥 냄새가 나는
구:구덩이에
멍:멍멍이 가 빠졌다.

아:아빠 방귀냄새
파:파이를 쎄게 하고,
트:트럭 타이어를 쪼그라드게 한다.

11. 시나리오 쓰기

- 도서관에서 읽고 싶은 책을 마음껏 읽게 한다.
- 단, 각 책의 주인공 1명을 선택해 성격과 특징을 메모한다.
- 1시간쯤 독서를 하면 다시 모여 메모한 내용을 공유한다.
- 이후 각각의 주인공이 등장하는 글을 한편 작성한다.
- 글 속 등장인물의 성격이나 특징은 메모와 일치해야 한다.

  ※ 내 아들은 서로 다른 성격의 세 명을 등장시키기 위해 '전국 복싱대회'를 열었다.

전국 복싱 대회!!
어느 날 한국에 서울 목동에 어떤 담장에 포스터가 붙었대. 그 포스터에는 '전국 복싱 대회!'라고 써져 있었다. 목동에 사는 강견이라는 사람과 왕꼼지라는 사람이 지나가다가 그 포스터를 보고, 나가겠다고 했다. 아 참! 강견과 왕꼼지 둘 다 복싱 선수다. 대회는 3주 뒤여서, 둘 다 열심히 연습을 했다. 3주 뒤

12. 나는 마트 전문가

- 마트의 상품 진열에 관한 객관적인 자료를 조사한다.
  * 입구에는 신선한 식품, 주류는 가장 깊숙한 곳, 눈높이에 고가
  의 상품 배치 등
- 매장 안으로 들어가기 전에 상품 진열에 관한 교육을 한다.
- 아이들은 물건을 고르면서 (개인별 3천 원, 희망 물품) 진열 내용이 사
  실인지 조사한다.
- 알려주지 않은 것을 1개 이상 발견하도록 권한다.

  예: 노래가 계속 나온다. 화장품 코너는 무슨 옷을 입고 있다.

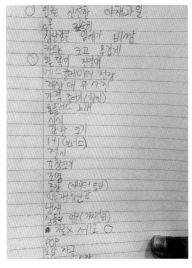
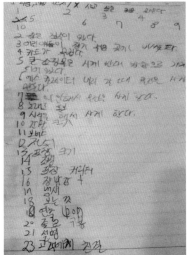

13. 요리 관찰

- 요리하는 과정을 기록으로 남기는 글놀이다.
- 조리 시 교사는 상세한 설명을 곁들인다. 필요 시 메모할 시간

을 준다.

- 용어와 재료는 해당 어휘를 그대로 사용한다.
- 이따금 우스갯소리와 과장 행동(노래, 괴성 등)을 하고 이 또한 메모하는지 확인한다.
- 요리가 끝나면 함께 먹고 메모 내용을 바탕으로 글을 쓴다.

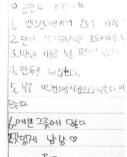

Q 글쓰기가 공부에 도움을 줄까?

글쓰기를 하니까 운동을 더 잘할 수 있게 된 것 같습니다. 저는 운동을 잘 하는 편이라 항상 별 생각 없이 운동을 했습니다. 그래도 친구들보다 더 잘하니까요. 그런데 체육시간에 글쓰기를 하니까 운동이 더 재미있어졌습니다. 그리고 어떻게 하면 더 잘하게 될지 자꾸 자꾸 생각하게 되었습니다.

저는 글을 잘 못 씁니다. 국어 시간에도 글짓기를 하라고 하면 어떻게 써야 할지 몰라 대충 써서 냈습니다. 그런데 체육 시간에 동시 짓기도 자주 하고, 운동도 하면서 느낌 표현하기 같은 것도 자주 하니까 요즘은 글쓰기가 조금씩 재미있어졌습니다. 옛날보다 글을 잘 쓰게 되니까 머리가 좋아진 것 같기도 하고요.

저는요 운동을 잘 못해서 체육시간이 별로 즐겁지 않았어요. 그런데 하나로 수업을 하면서 농구나 축구 경기만 하는 게 아니라 동시도 짓고, 느낌 쓰기 같은 것도 하니까 좋았어요. 그리고 발표도 했고요. 별로 좋아하지 않았던 운동을 가지고 동시를 짓고 글을 써보니까 조금씩 운동이 좋아지더라고요. 그래서 지금은 잘하지는 못하지만 운동하는 것이 싫지는 않게 되었어요.

충남 천안의 한 초등교사는 5학년 156명을 대상으로 체육 수업에서 신체활동과 함께 글을 쓰게 했다. 교사는 아래와 같이 여덟 차례의 글쓰기 과제를 수행했다. 참가자 중 여학생 셋, 남학생 셋을 선정해 학생별로 2회씩 각 30분 정도의 비구조화된 심층면담을 진행했다. 앞의 글은 아이들의 면담 내용 중 일부이다.

유형	단원	차시	구분	활동	시간
활동 중 글쓰기	평균대	3/6	상상하여 글쓰기	평균대에서 우리나라 최초로 금메달을 땄다고 생각하고 기자회견 할 수상 소감 글로 표현하기	15분
	멀리뛰기	3/6	동시 짓기	친구들이 멀리뛰기 하는 모습이나 멀리뛰기에 관한 내용을 바탕으로 동시 짓기	15분
	농구	3/6	동시 짓기	농구 기능을 연습하면서 어려웠던 점이나 농구를 해보았던 경험을 살려 동시 짓기	15분
	리본체조	3/6	스토리텔링	리본체조를 창작하고자 할 때 무엇을 표현하고자 하는지 패(모둠)별로 글을 쓰고 수정하기	15분
활동 후 글쓰기	구르기	6/6	느낌 표현하기	구르기를 하고 난 느낌을 글로 표현하기	10분
	창작표현	5/5	반성하는 글쓰기	모둠별로 창작표현활동을 하고 반성하는 글쓰기	10분
	리본체조	6/6	느낌 표현하기	리본체조 단원을 학습하면서 느꼈던 점들을 자유롭게 글로 표현하기	15분
	달리기 줄넘기	대회 후	회상하여 글쓰기	교내 육상 및 줄넘기 대회를 마치고 회상하여 글쓰기	20분

　　교사는 학생들의 글과 면담 내용을 분석한 결과, 글쓰기가 체육 활동의 내면화에 상당히 긍정적인 영향을 준 것으로 판단했다. 자신의 신체활동을 기록하고 회상하는 과정에서 반성적 사고력이 향상되고

인지적 창의력뿐 아니라 신체적 창의력도 높아졌다. 글을 쓰는 과정에서 공을 다루고 리본을 만드는 자신의 모습을 구체적으로 상상했는데 실제 수행에서도 창의적인 동작을 구사했기 때문이다. 또한 신체능력의 차이로 인해 발생하는 일부 학생들의 실수와 좌절을 목격하며 배려와 협동을 떠올리는 등 인성 측면에서도 성과를 얻었다고 봤다. 특히 체육 과목에 대한 호감도 상승에서 좋은 결과를 얻었다.

글쓰기가 학교생활, 특히 공부에 도움이 된다는 연구 결과는 이뿐이 아니다. 이미 과학과 수학 분야에서는 활발한 연구가 이뤄졌다. 글쓰기는 평가의 역할을 넘어 학습하는 방법으로 자리 잡았다. 글을 쓰면 자신의 서술을 다시 보면서 사고 과정을 더듬을 수 있다. 따라서 개념과 원리를 터득해야 하는 과목에서 효과를 발휘한다. 글을 쓰면서 오류를 발견하고 보완할 수 있기 때문이다. 머릿속 막연한 개념을 종이 위에 문장으로 옮길 때, 생생한 이미지를 언어로 바꿀 때는 구체적인 단어와 표현을 선택해야 하는데, 이 선택 과정이 현상이나 개념, 상황 따위를 보다 정확하게 이해하도록 돕는다.

초등학교 5~6학년 3명을 대상으로 13주간 과학 글쓰기를 수행한 연구에 따르면, 학생들은 과학 글쓰기 과제를 수행하며 호흡과 순환, 백열전구의 원리, 합성의 정의 등에 관한 선행 개념을 글로 써냈고, 그 과정에서 오개념이 발견되면 개선하고 다음 학습으로 나아갈 수 있었다. 선행 개념이 정확히 정립되어 있을 경우 다음 단계 학습에서 이를 적절히 활용하고 있는 것도 확인할 수 있었다.

5학년 학생 두 학급을 대상으로 4주간 일지 쓰기를 적용한 연구에서는 곱셈과 기하에서 쓰기 활동을 하지 않은 학생보다 향상된 점수를 보였다. 초등 저학년 학생을 대상으로 자릿수에 대한 개념을 학습

시킬 때도 쓰기 활동의 유무는 성취의 차이를 가져왔다. 콜로라도주립대학교 로버트 헤이든 교수는 수년간 통계를 가르친 경험에 비춰 학생들이 숫자 계산에만 집착하는 경향이 있음을 지적했다. 그러면서 숫자의 의미와 해석에 초점을 두기 위해서는 글쓰기를 활용해야 한다고 강조했다. 그는 학생들에게 보고서 작성이 포함된 프로젝트를 부과했는데 학생들이 통계적으로 의미 있는 결과를 밝히진 못했지만, 개념을 이해하는 데 큰 도움이 되었다는 것을 확인했다.

쓰면 더 정확하고 분명해진다. 물리이든 화학이든 생물이든 수학이든. 심지어 체육조차도. 어떤 과목이든 글로 풀면서 학습 과정을 성찰하면 다음 학습 단계로 나아가기도 쉽다. 아직 어린 아이들이 이처럼 지식이 포함된 글쓰기를 잘하기 위해서는 일단 쓰기 자체에 대한 부담이 없어야 한다. 생각을 문자로 옮기는 일에 두려움을 가지지 않아야 한다.

3교시

마음껏 꺼내고
풀어내자

글의 생김새부터
알고 가자

글에도 리더가 있는데 바로 메시지이다. 무슨 말을 하려는 건가? 왜 쓴 건가? 이 질문에 대한 답이 되는 문장, 그게 바로 글의 리더이다. '글 잘 쓰는 법'이란 주제로 A4 두 쪽의 글을 쓴다고 해보자. 이 글을 통해 '일상의 소재로 쓰되 충분히 고쳐야 한다'는 이야기를 할 생각이다. 이를 위해서는 이 주장을 몇 개의 작은 생각으로 나눠야 한다. 이를테면 '일상의 이야기를 소재로 하면 누구나 쓸 수 있다', '쓰다 보면 새로운 스토리가 보인다', '쓴 다음 고치면 생각이 정리된다' 등이다. 즉, 글을 잘 쓰기 위해서는 쉬운 소재를 찾아 풍부하게 쓴 다음 여러 차례 고쳐야 한다로 정리할 수 있다.

그런데 이것을 글로 옮기려고 하면 '생각' 밖에 없다는 걸 알 수 있다. 이 모든 건 어디까지나 글을 쓰려는 사람의 '생각'일 뿐이다. 생각, 즉 관념만 가득한 글은 설득력이 없다. 아니, 누구도 읽지 않는다. 재미가 없기 때문이다. 그래서 글에 들어오는 게 바로 글쓴이의 경험, 전문가의 의견, 과학지식, 고전의 내용, 통계, 최근 이슈 등이다. 이들은 '생각'을 지지하는 근거가 된다.

이상의 내용은 학창 시절에 익히 들어서 아는 내용이다. 보통 우리는 이렇게 배워왔다. 그렇지 않은가? 주장을 하고 뒷받침할 수 있는 근거를 찾는다. 일반적인 글쓰기 교육에서 취했던 접근 방식이다.

나는 조금 다르게 말한다. 글은 아주 단순하다. 특히 글쓰기를 시작할 때는 다음과 같이 생각하는 게 편하다. 글이란 '내 생각'과 '내 생각이 아닌 것'으로 이뤄졌다. 내가 쓴 문장은 내 생각이거나 생각이 아닌 것이다. 말장난 같지만 간결한 논리다.

'인간은 사랑 없이 살 수 없다' 생각이다. '누구나 어울려 살아간다' 이것도 생각이다. '사랑이 없는 삶은 생각할 수도 없다' 이것 또한 생각이다. '퇴근하는 아내가 아이들의 환대를 받으며 현관을 들어올 때 짓는 그 표정에서 난 사랑의 힘을 읽는다' 이것은 경험이다. '출퇴근이 없는 주말에 아내의 표정이 어두운 것은 그 때문일까?' 이건 생각이다. 마지막 문장은 일종의 유머니까 너무 안타까워 마시길. 아들만 셋을 키우는 건 쉽지 않으니.

앞에서 언급한 경험 부분을 전문가의 의견으로 바꿔보자. 인간은 사랑 없이 살 수 없다. 누구나 어울려 살아간다. 사랑이 없는 삶은 생각할 수도 없다. '행복을 오랜 기간 연구해온 서울대학교 최인철 교수는 어떤 대상에 관심을 두고 있는 상태를 사랑이라고 말할 수 있으며 이는 곧 행복을 측정하는 중요한 변수라고 했다.' 이 부분은 통계 수치나 고전의 문장을 인용해 대체할 수도 있다.

이처럼 글이란 '내 생각'과 '내 생각이 아닌 것'의 조합이며, 한두 번이 아니라 여러 차례 이어진다. 몇 번이나 이어지느냐는 글의 길이에 따라 달라진다. 한 권의 책이라고 하면 이런 조합은 백 번 이상 등장할 수도 있다. 어울리는 조합과 논리적 배치, 참신한 조합과 흥미

있는 배치가 글의 수준을 결정한다.

글쓰기를 힘들어 하는 이유는 바로 '생각 아닌 것'을 갖고 있지 않기 때문이다. 또 이게 부족하면 '내 생각'도 안 생긴다. 아이가 책을 좋아하길 바라는 마음도 이 때문이다. 다양한 정보와 지식을 갖고 있어야 글쓰기를 통해 생각을 만들고 키울 수 있기 때문이다.

아이들에게로 눈을 돌려보자. 이제 열 살 남짓 어린 친구들이다. 생각이랄 게 별로 없다. 좋다, 싫다, 맛있다, 맛없다, 춥다, 덥다 정도다. 그럼 생각이 아닌 것에 집중해보자. 아이들이 전문가의 의견, 통계, 최근 이슈, 고전 등을 알 턱이 없다. 기껏해야 최근에 읽은 책에서 기억해낸 지구가 공전한다는 사실, 매미는 겨우 1주일 살고 죽는다는 것, 이순신 장군이 임진왜란 때 수많은 전투에서 승리했다는 것 등이다.

이를 바탕으로 글을 쓰는 건 너무 고되다. 독서도 어려운 데 글까지 써야 한다면 재미가 없고 지루하고 지속하기 어렵다. 이 과정에서 어떻게 '생각'이란 걸 만들어낼 수 있을까. 아이들에게는 너무 어려운 숙제다. 그래서 우리가 꺼낼 수 있는 마지막 카드는 바로 경험이다. 원하는 경험, 유쾌한 경험, 계속 하고 싶은 경험을 글로 바꾸는 거다. 그리고 거기에서 생각이란 걸 키워주면 된다.

논리적인 글쓰기
안 시켜도 된다

경험을 쓴다고 하면 일기를 떠올린다. 맞다. 하지만 일기를 포함한다
는 표현이 옳다. 흔히 산문이라고 불리는 글의 주제는 일기와 다르
다. 아이들은 보통 작성하는 날에 있었던 어떤 사건을 다루지 않는
가. '내 책상의 생김새'나 '엄마의 꿈' 같은 주제로 일기를 쓰는 친구
는 거의 없다. 경험의 종류는 이 세상의 책만큼 많고 쪽수보다 세분
화할 수 있다는 걸 알아야 한다. 아침에 눈뜨는 순간을 글로 옮겨도
몇 십 장은 쓸 수 있으니 말이다.

　일상의 글쓰기를 이야기하면 논리적인 글은 어떻게 쓰냐고 되묻
는다. 논리! 글쓰기를 떠올리면 수많은 사람들은 이 단어를 말한다.
논리라는 게 대체 뭐기에 이렇게 목매는 걸까. 논리란 이치이기 때문
에 객관성을 의미한다. 두루 살펴 반박하기 힘든 온전한 생각을 말한
다. 정교하게 연결되었기 때문에 앞뒤가 잘 맞다고 표현하기도 한다.

　자, 이제 다시 아이들에게 눈을 돌려보자. 아이들이 논리적인 글을
쓸 수 있을까? 써야 한다면 어떻게 가르칠까? 논리라는 것은 주입되
는 게 아니다. 폭넓은 경험을 해야 하고 다양한 지식과 정보를 습득

해야 한다. 세상이 작동하는 원리, 사람의 마음이 움직이는 배경 따위를 이해하고 있어야 논리가 생긴다. 물리적인 시간의 축적이 필요한 일이다. 서론, 본론, 결론 혹은 주장에 따른 근거 제시가 논리의 핵심이 아니다. 이건 논리를 보여줄 수 있는 하나의 방법일 뿐이다.

나는 일상의 글쓰기를 통해서도 논리를 갖출 수 있다고 확신한다. 어떤 주제의 글이든 글에는 재료가 들어간다. 이를테면, 여행을 출발하기 전의 상황, 목적지로 이동하며 봤던 장면과 당시의 느낌, 도착한 뒤 했던 일련의 행동, 여행을 마친 뒤 지금 시점에서 떠오르는 생각 따위 말이다.

이것이 등장하는 순서는 쓸 때마다, 쓰는 사람에 따라 달라진다. 읽는 사람의 공감을 얻어내려면 재료를 잘 골라야 한다. 흥미를 유지하기 위해서는 재료를 감각적으로 등장시켜야 한다. 때로는 '이번 여행은 완전히 망쳤다' 같은 결론을 전면에 내세우면서 이목을 끌 수도 있다. '강원도로 가는 그 길은 생소했다'는 식으로 경험상 중간 재료를 먼저 꺼낼 수도 있다. 그럼에도 불구하고 모든 재료의 조합, 앞뒤 문장의 연결은 매끄러워야 한다.

논리를 기르는데 주제는 중요하지 않다. 어떤 주제이든 글로 옮길 때 구조나 구성, 표현이나 어휘를 고민해야 하기 때문이다. 이 과정이 결국 논리적인 활동이다. 많이 쓰고 읽는 이의 반응을 살피고 자꾸 고치다 보면 논리는 튼튼해질 수밖에 없다. 일상을 글로 옮기는 과정도 다르지 않다. 기억에 존재하는 어떤 경험을 언어로 바꾸는 과정 자체가 논리적인 행위이다.

논리적인 글쓰기를 시킨다고 지식과 정보를 억지로 주입하지 말자. 서론, 본론, 결론 따위의 정형화된 틀을 들이대지도 말자. 부모가 입력한 대로 출력하지 못한다고 몰아세우지 말자. 뭐든 즐겁고 편하게 쓰게 해주자. 쓰는 행위 자체가 이미 논리적인 일이지 않은가! 아이들의 논리회로는 연필을 잡는 순간부터 엄청난 속도로 돌아가니 걱정 말자.

Q 학교에서 '쓰기'를 어떻게 가르치고 평가할까?

　학교에서 이뤄지는 '쓰기' 교육 또한 교육과정이라는 큰 그림 속에서 이뤄진다. 초등학교에서는 쓰기가 듣기 및 말하기, 읽기, 문법, 문학과 함께 국어 과목의 한 영역으로 자리 잡고 있다. 우리 아이가 초등학교에 입학해서 고등학교를 졸업할 때까지 12년간 배우고 익히게 될 '쓰기' 영역의 내용은 다음과 같다.

핵심 개념	일반화된 지식	학년(군)별 내용 요소					기능
		초등학교			중학교 1~3학년	고등학교 1학년	
		1~2학년	3~4학년	5~6학년			
쓰기의 본질	쓰기는 쓰기 과정에서의 문제를 해결하며 의미를 구성하고 사회적으로 소통하는 행위이다.			• 의미 구성 과정	• 문제 해결 과정	• 사회적 상호 작용	
목적에 따른 글의 유형 • 정보 전달 • 설득 • 친교·정서 표현 **쓰기와 매체**	의사소통의 목적, 매체 등에 따라 다양한 글 유형이 있으며, 유형에 따라 쓰기의 초점과 방법이 다르다.	• 주변 소재에 대한 글 • 겪은 일을 표현하는 글	• 의견을 표현하는 글 • 마음을 표현하는 글	• 설명하는 글[목적과 대상, 형식과 자료] • 주장하는 글[적절한 근거와 표현] • 체험에 대한 감상을 표현한 글	• 보고하는 글 • 설명하는 글[대상의 특성] • 주장하는 글[타당한 근거와 추론] • 감동이나 즐거움을 주는 글 • 매체의 특성	• 설득하는 글 • 정서를 표현하는 글	

쓰기의 구성 요소 • 필자· 글·맥락 쓰기의 과정 쓰기의 전략 • 과정별 전략 • 상위 인지 전략	필자는 다양한 글쓰기 맥락에 서 쓰기 과정에 따라 적절한 전 략을 사용하여 글을 쓴다.	• 글자 쓰기 • 문장 쓰기	• 문단 쓰기 • 시간의 흐 름에 따른 조직 • 독자 고려	• 목적·주제 를 고려한 내용과 매 체 선정	• 내용의 통일성 • 표현의 다양성 • 대상의 특성을 고려한 설명 • 고쳐쓰기 [일반 원리]	• 쓰기 맥락 • 고쳐쓰기 [쓰기 과정 의 점검]	• 맥락 이해하기 • 독자 분석하기 • 아이디어 생산하기 • 글 구성하기 • 자료·매체 활용하기 • 표현하기 • 고쳐쓰기 • 독자와 교류하기 • 점검·조정 하기
쓰기의 태도 • 쓰기 흥미 • 쓰기 윤리 • 쓰기의 생활화	쓰기의 가치를 인식하고 쓰기 윤리를 지키며 즐겨 쓸 때 쓰 기를 효과적으 로 수행할 수 있다.	• 쓰기에 대한 흥미	• 쓰기에 대한 흥미	• 쓰기에 대한 자신감	• 독자의 존중과 배려	• 쓰기 윤리	• 책임감 있게 쓰기

* 교육부(2018), 초등학교 교육과정(교육부 고시 2018-162호, 교육부 고시 제2015-74호의 일부 개정), 교육부.

초등학교에서는 2개 학년을 통합하여 성취 기준을 제시하고 있다. 표에서 제시하고 있는 학년별 내용 요소를 근거로 초등학교의 성취 기준을 정리해봤다.

구분	성취 기준
초등학교 1~2학년	• 글자를 바르게 쓴다. • 자신의 생각을 문장으로 표현한다. • 주변의 사람이나 사물에 대해 짧은 글을 쓴다. • 인상 깊었던 일이나 겪은 일에 대한 생각이나 느낌을 쓴다. • 쓰기에 흥미를 가지고 즐겨 쓰는 태도를 지닌다.
초등학교 3~4학년	• 중심 문장과 뒷받침 문장을 갖추어 문단을 쓴다. • 시간의 흐름에 따라 사건이나 행동이 드러나게 글을 쓴다. • 관심 있는 주제에 대해 자신의 의견이 드러나게 글을 쓴다. • 읽는 이를 고려하며 자신의 마음을 표현하는 글을 쓴다. • 쓰기에 자신감을 갖고 자신의 글을 적극적으로 나누는 태도를 지닌다.

초등학교
5~6학년
	• 쓰기는 절차에 따라 의미를 구성하고 표현하는 과정임을 이해하고 글을
	  쓴다.
	• 목적이나 주제에 따라 알맞은 내용과 매체를 선정하여 글을 쓴다.
	• 목적이나 대상에 따라 알맞은 형식과 자료를 사용하여 설명하는
	  글을 쓴다.
	• 적절한 근거와 알맞은 표현을 사용하여 주장하는 글을 쓴다.
	• 체험한 일에 대한 감상이 드러나게 글을 쓴다.
	• 독자를 존중하고 배려하며 글을 쓰는 태도를 지닌다.

　고학년으로 갈수록 '의미를 구성하고 표현하는 과정', '적절한 근거와 알맞은 표현', '독자를 존중하고 배려' 같이 개념적이고 모호한 표현이 섞여 있지만 쓰기 교육은 이 성취 기준에 도달하려는 활동과 과제로 구성된다.

　평가는 어떻게 이뤄질까? 정립된 성취 기준에 따라 교육 활동을 제대로 구성해도 성취 기준에 도달했는지를 판단하는 평가는 또 다른 도전이다. 다음 표에는 초등학교 3~4학년을 대상으로 '문단 쓰기'에 대한 평가 기준이 나와 있다. 쓰기의 특성상 쓰기 지식에 관한 문항이 아닌 이상 객관적인 측정이 어렵다. 다음 평가 기준에서 언급한 대로 '효과적으로 드러나도록 쓴' 글, '짜임새 있게 갖춘' 글, '부분적으로 갖춘' 글을 구별하는 기준은 교사의 판단에 맡길 수밖에 없기 때문이다. 초, 중, 고를 막론하고 개발된 평가 도구의 평가 기준은 모두 이처럼 상, 중, 하로 제시되었다.

교육과정 성취 기준	평가준거 성취 기준		평가 기준
[4국03-01] 중심 문장과 뒷받침 문장을 갖추어 문단을 쓴다.	[4국03-01-00] 중심 문장과 뒷받침 문장을 갖추어 문단을 쓴다.	상	중심 문장과 뒷받침 문장을 짜임새 있게 갖추어 내용이 효과적으로 드러나도록 문단을 쓸 수 있다
		중	중심 문장과 뒷받침 문장을 짜임새 있게 갖추어 문단을 쓸 수 있다.
		하	중심 문장과 뒷받침 문장을 부분적으로 갖추어 문단을 쓸 수 있다.

교육과정평가원에서 제안한 평가 도구에서 성취 기준 '중심 문장과 뒷받침 문장을 갖추어 문단을 쓰는지' 여부를 판단하기 위한 평가 유형은 지필평가이며 선다형이었다. 중심 문장을 주고 뒷받침 문장으로 바람직한 문장을 고르는 식이다. 실제 쓸 수 있느냐보다는 쓰기 지식을 묻는 문제이다.

평가 문항

[선다형] 중

1. 뒷받침 문장에 알맞은 중심 문장을 써서 문단을 완성하려고 합니다.
   ⑤ 에 들어갈 알맞은 문장은 어느 것입니까?

> ⑤ 참외나 머루의 씨앗은 동물이 먹고 배설하여 널리 퍼진다. 콩이나 팥의 씨앗은 꼬투리가 터지면서 멀리 퍼진다. 민들레나 단풍나무 씨앗은 바람에 날려서 멀리 퍼지고, 도깨비바늘은 동물의 몸에 붙어서 멀리 퍼진다.

① 씨앗의 기능은 다양하다.
② 씨앗이 퍼지는 방법은 다양하다.
③ 씨앗의 모양과 크기는 다양하다.
④ 씨앗이 만들어지는 과정은 다양하다.
⑤ 씨앗이 싹을 틔우는 방법은 다양하다.

초등학교 3~4학년이 작성해야 하는 [의견을 표현하는 글]에 대한 평가 기준은 다음과 같다.

		상	관심 있는 대상이나 사실에 대해 주장을 명확하게 제시하고, 타당한 근거가 다양하게 드러나도록 글을 쓸 수 있다.
[4국03-03] 관심 있는 주제에 대해 자신의 의견이 드러나게 글을 쓴다.	[4국03-03-00] 관심 있는 주제에 대해 자신의 의견이 드러나게 글을 쓴다.	중	관심 있는 대상이나 사실에 대해 주장을 제시하고, 타당한 근거가 드러나도록 글을 쓸 수 있다.
		하	관심 있는 대상이나 사실에 대해 주장을 제시하고, 부분적으로 타당한 근거가 드러나도록 글을 쓸 수 있다.

교육과정평가원에서 제안한 평가 도구에서 성취 기준 '관심 있는 주제에 대해 자신의 의견이 드러나게 글을 쓰는지' 여부를 판단하기 위한 평가 유형은 실제 작문과 자기 및 동료 평가를 겸하는 수행 평가였다. 교수학습 및 평가 절차는 다음과 같다.

교수 · 학습 활동 및 평가 계획

학습 단계	교수 · 학습 활동	평가 계획
1차시	• 우리 주변의 문제 탐색하고 공유하기 • 제안하는 글을 쓰면 좋은 점 알기 • 제안하는 글의 특성 알기	**수행 과제 1** 제안하는 글에 대해 이해하기
⇩	⇩	
2차시	• 제안하는 글을 쓰는 방법 알기 • 제안할 내용 생성하기 • 개요표 작성하기(문제 상황, 제안, 까닭)	**수행 과제 2** 제안하는 글을 쓰기 위한 준비하기
⇩	⇩	⇩
3차시	• 제안하는 글쓰기	**수행 과제 3** 제안하는 글쓰기
⇩	⇩	⇩
4차시	• 친구들과 제안하는 글 돌려가며 바꿔 읽기 • 친구의 발표를 들으며 평가자에 그 내용을 기록하기 • 친구들의 평가 반영하여 고쳐쓰기	**수행 과제 4** 바꿔 읽기 고쳐쓰기

다만 이 또한 실제 측정, 즉 채점 단계에서는 교사의 주관적인 판단에 의존할 수밖에 없다. 수행 과제 1을 예로 들면 제안하는 글의 특성을 '바르게 아는 것', '부분적으로 아는 것', '이해가 부족한 것'을 구별하기는 쉽지 않다.

채점 기준

수행 과제 1 제안하는 글에 대해 이해하기

평가 요소	모범 답안	상	중	하
제안하는 글을 쓰면 좋은 점 이해하기	• 해결할 문제에 대해 사람들이 관심을 갖게 돼 • 문제를 더 좋은 방향으로 해결할 수 있어.	제안하는 글의 목적과 필요성을 정확하게 이해하고 제안하는 글을 쓰면 좋은 점을 모두 바르게 찾았다.	제안하는 글을 쓰면 좋은 점 두 가지 중 한 가지만 바르게 찾았다.	제안하는 글을 쓰면 좋은 점을 바르게 찾지 못했다.
제안하는 글의 특성 알기	문제 상황 – 제안 – 까닭	제안하는 글의 내용과 파일을 바르게 알고 있다.	제안하는 글의 내용과 짜임을 부분적으로 바르게 알고 있다.	제안하는 글의 내용과 짜임에 대한 이해가 부족하다.

이상에서 아이들이 초등학교 교육을 통해 '쓰기' 능력을 어떻게 키워 가는지 간단히 살펴봤다. 전 학년을 세부적으로 분석하지는 않았지만 학년별 내용 요소를 통해 판단했을 때 교육 내용은 발달 단계에 따라 체계적으로 구성된 것을 확인할 수 있다. 반면 평가에 있어서는 교사의 역량에 기댈 수밖에 없는 상황이다.

초등교사 234명을 대상으로 초등학교 쓰기 평가의 문제점과 개선 방안을 연구한 자료에 따르면, 응답자의 49%가 쓰기 수행 평가 문항을 제작하는 데 성취 및 평가 기준을 참고하지 않는다고 한다. 또한

33.34%는 수행 평가를 할 때 구체적인 평가 기준을 제시하는 게 미흡했고 27.28%는 평가 도구 및 자료 개발에 어려움을 겪고 있다고 응답했다. 안타깝게도 응답자의 30%는 수행 평가가 학생의 쓰기 능력 향상에 효과가 없는 것으로 봤다.

나는 초등교사의 어려움과 이런 반응을 이해한다. '쓰기' 영역만 놓고 보면 주관적인 판단에 의지할 수밖에 없다. 채점에 많은 시간을 쏟아야 하지만 뚜렷한 결과를 얻기 어렵다. 또 쓰기 활동은 배경지식, 글쓰기 과정, 표현 방법 등 요소마다 학생 저마다의 개인적 특징이 강하게 나타나기 때문에 쓰기 능력 향상을 위해서는 개별 피드백을 제공해야 한다. 그러나 스무 명이 넘는 학생을 지도하는 학교에서는 개인에게 맞춰진 양질의 피드백을 줄 수 없다. 물리적으로 불가능한 일이다.

부모 입장에서 이런 상황에서 할 수 있는 일은 일상의 글쓰기를 즐겁게 지속하도록 환경을 조성하는 일이다. 근시안적인 외부의 평가에 좌우되지 않고 쓰는 활동을 유쾌하게 이어가면, 쓴 글의 양이 축적되면 스스로 고칠 수 있는 역량과 계획해서 쓸 수 있는 전략 등을 구비할 수 있는 시기가 온다. 막연하지만 이게 가장 빠른 길이다.

글감 찾기:
재료 만들기와 모으기

메시지는 세상에 다 나와 있다. 베스트셀러들이 타인의 기대에 휘둘리지 말자, 나만의 시간을 갖자, 아이의 존재 자체를 인정하자, 감정을 표현하자는 메시지를 던지지만 이미 수많은 책이 같은 이야기를 해왔다.

새로운 과학적 발견이 없다면 누군가 했던 말을 또 하는 셈이다. 그럼에도 불구하고 끝없이 글을 쓰고 책을 펴내는 게 가능한 이유는 메시지를 전달할 때 사용하는 재료가 새롭기 때문이다. 외상외과 의사의 이야기가 주목 받는 것은 공개된 적 없는 디테일한 스토리가 궁금해서이다. 지금 당장 죽고 싶어도 하고 싶은 걸 하자는 평범한 이야기가 대중의 관심을 끄는 것도 독특한 삶의 궤적 때문이다.

싱싱한 재료는 이목을 끌지만, 누구나 다 아는 재료는 식상하다. 그래서 작가는 새로운 재료를 찾기 위해 책을 읽고 사람을 만난다. 여행을 떠나 낯선 현장을 기록한다. 운이 따른다면 재료를 찾는 과정에서 전과 다른 혹은 전혀 새로운 생각을 빚어낼 수도 있다. 물론 재주가 좋은 이야기꾼은 식상한 재료를 갖고도 괜찮은 스토리를 엮어내지만 갓 잡은 재료를 썼다면 그 가치는 비교할 수가 없다.

글쓰기가 서툴고 재미없는 아이들도 마찬가지다. 도무지 뭘 써야 할지 모르는 아이들은 늘 쓸 게 없다고 아우성이다. 밥을 먹으면 그저 맛있었다, 여행을 다녀오면 재밌었다, 시험을 봤으면 어려웠다고 가늠하면 그만이지 더 이상 뭘 쓰냐는 거다. 자잘한 경험에 존재하는 다양한 순간을 글감으로 활용해본 적이 없으니 당연하다. 심지어 그럴 수 있다는 생각조차 해보지 않았을 것이다. 어른도 비슷하기 때문에 아이를 나무랄 일도 아니다.

글을 풍부하게 쓰도록 돕고 싶다면 함께 글감을 찾아보자. 글감은 만들 수도 있고 모을 수도 있다. 전자는 새로운 경험이고, 후자는 과거에서 얻어오는 것이다.

먼저 '만들어' 보자. 무엇을 할지 아이가 스스로 결정하게 해주자. 함께 경험하고 충분히 대화를 나눈다. 거창한 계획은 필요 없다. 블록을 조립해도 좋고 인형놀이도 괜찮다. '함께'에 방점을 찍자.

그 과정을 떠올리며 한 순간씩, 한 문장씩 쓰도록 이끈다. 정답이 없다는 걸 받아들이는 게 핵심이다. 조금 전의 경험을 떠오르는 대로 문장에 담는다. 앞뒤가 제대로 이어지지 않아도 좋다. 처음이니까 뭐든 자유롭게 자신의 경험을 옮기도록 한다. 편안한 분위기를 만들고 유쾌한 태도를 취하자. 때로는 엉성하고 너무 짧은 문장을 쓸 것이다. 평가하지 말고 계속 쓰도록 용기를 북돋아준다. 아이의 글에 어른이 먼저 실망하지 않길 바란다. '함께', '지속'하면 반드시 좋아진다.

이번에는 '모아' 보자. 예전의 어떤 사건을 떠올리며 이야기를 시작한다. 생일파티나 주말여행, 혹은 마트에 장을 보러 갔던 일도 괜찮다. 글감 만들기와는 달리 별도의 활동이 필요 없어 바로 글쓰기에 돌입할 수 있다. 물론 아이들은 회상하는 일이 즐겁지 않을 것이다. 이 과정은 보통 부모의 질문이 앞서고 아이의 대답이 뒤따른다. 그리고 그 답은 글로 바뀐다. 기억을 회상하는 데에는 에너지가 소비된다. 금세 싫증을 낼 수도 있다. 이럴 때는 함께 '쓰는 걸' 추천한다. 10분이면 충분하다. 여러 사건을 담을 필요가 없다. 하나만 정해 자잘하게 나눈다. 하나씩 문장으로 담는다. 물론 이상에서 언급한 과정은 결코 이처럼 진행되지 않을 것이다. 처음이니까 어설프고 조잡하다. 그대로 받아들이자. 무책임하다고 할 수 있지만, 이걸 개선하는 것은 전적으로 부모와 아이의 몫이다.

글놀이에서도 언급한 '요리'를 활용할 수 있다. 음식을 만드는 일은 하루에도 몇 번씩 일어나니까 접근이 쉽다. 그 과정을 관찰하고 일기에 옮기면 된다. 몇 차례 반복하면 익숙해진다. 아이가 원하는 요리를 해보자. 대화를 나누며 설명해주자. 저절로 공책을 들고 메모를 할 것이다. 명심하자. 귀찮다고 생각하면 귀찮지 않은 일이 없다.

구분하기:
아이들은 '퉁'치기 전문가

아이들은 그야말로 '퉁'치기 대장이다. 떡볶이를 먹는데 30분이 걸렸는데도 '맵지만 참 맛있었다.'는 한 줄로 요약한다. 이 정도면 애교다. 하루 24시간을 '오늘은 참 즐거운 하루였다.'며 한 문장으로 깔끔하게 정리한다. 우스갯소리지만 웃어넘길 수 없는 이유는 이 문제를 해결하지 못하면 글쓰기가 사실상 불가능하기 때문이다.

글쓰기의 출발은 구분하기이다. 구분해야 자세히 보이고 선택지가 많아진다. 즉 무엇을 쓸지 혹은 버릴지 고를 수 있다. 반면 아이들은 한 문장으로 '퉁'치기 때문에 더 이상 쓸 말이 없다는 푸념을 늘어놓는다. 경험을 시간, 공간, 감정, 감각 등으로 나누어서 보면 그만큼 쓸 게 많아진다.

떡볶이를 먹는 30분을 놓고 보자. 먹는 과정은 먹기 전, 중, 후로 나눌 수 있다. 주문하는 과정에서 대화를 주고받았고 누군가는 수저와 컵을 날랐을 것이다. 음식이 나온 다음 먹을 때는 어떤가? 무슨 일이든 일어난다. 뜨겁다, 맵다, 맛있다 같은 말을 하기도 하고 먹다가 흘리기도 한다. 다 먹은 다음도 마찬가지다. 시간의 흐름을 이처럼 전, 중, 후로만 나눠도 3개의 문장을 쓸 수 있다.

여기서 끝이 아니다. 우리는 보통 '관찰'에 편중된 글쓰기를 하는데 시각 정보에만 의존하다보니 소중한 정보를 놓친다. 떡볶이를 먹는 30분간 들은 것, 만져진 것, 냄새 맡은 것도 하나씩만 추가해보자. 옆 테이블의 형들이 엄청 시끄러웠다, 떡볶이는 말랑했고, 튀김은 바삭거렸다, 순대 냄새는 좀 이상했다. 이 문장들은 실제로 아이들이 원고지에 쓴 글이다.

'맵지만 참 맛있었다.' 한 줄짜리 글은 구분하기를 통해 열 문장으로 불어날 수 있다. 이처럼 일정 분량 이상을 쓸 수 있어야 하나의 사건을 중심으로 한 글쓰기가 가능하다. 이 능력이 부족한 아이들은 여러 사건을 나열하는 데 급급하다. 일어났다, TV봤다, 아빠랑 축구했다, 밥 먹었다, 숙제했다, 동생이랑 놀았다. 이런 글은 수박 겉핥기일 뿐이다. 사고력이 자라지 않는다.

두루뭉술한 표현은 사고도 고착시킨다. 대충 보면 대충 생각하게 된다. 당연히 자신만의 생각을 만들지 못한다. 하나를 골라 구분해서 보는 게 중요하다. 'TV를 봤다'라는 한 문장을 한 편의 글로 키워낼 수 있어야 한다.

구분해서 쓰려면 구분해서 볼 줄 알아야 한다. 이 말은 글감을 만들거나 모을 때 쪼개서 자세히 본다는 뜻이다. 아무런 사전 활동 없이 글을 쓰는 그 순간, 갑자기 구체적이고 세부적인 내용을 문장으로 옮기는 건 어렵다. 사전 활동이나 글놀이 시간에 관찰 훈련을 하는 건 이 때문이다. 개미집을 여러 각도에서 관찰하거나 공원에서 산책하는 사람을 몇 분씩 바라보는 경험을 통해, 또는 라면을 끓이는 10분을 몇 개의 단계로 나눠 메모하는 경험을 통해 구분해서 보는 법을 익힐 수 있다.

아무리 짧은 경험도 여러 문장으로 나눠 기술할 수 있다는 걸 스스로 깨달아야 한다. 등굣길에 대한 글을 쓸 때, 어떤 아이는 원고지 한 장도 부담스러워 한다. 눈 뜨면 씻고 옷 입은 다음 집을 나가 얼마 뒤 학교에 도착한다. 쓸 말이 없는 주제라며 하소연한다. 반면 어떤 아이는 침대에서 일어나기 힘들어 하는 모습, 아빠가 욕실을 차지하고 있어서 기다렸다는 이야기, 엄마의 잔소리부터 학교 가는 길에 보는 풍경 등 쓸 말이 너무 많다. 원고지 다섯 장도 부족하다.

이런 차이가 나타나는 것은 구분하는 능력에서 온다. 아이들이 글을 쓰는 순간에 내가 할 수 있는 일이라곤 이따금씩 속삭이는 것이다. 전·중·후로 나눠서 써보자, 조금 더 쪼갤 수 있을 것 같은데, 뛰어가지 말고 할 걸음씩 걸어가면서 좌우로 고개를 돌려보자, 기억나는 걸 자잘하게 나누자, 그리고 그것에 대해 한두 문장만 더 써보자.

하지만 잊어서는 안 된다. 이런 조언이 잔소리로 둔갑하는 건 한순간이다. 특히 엄마나 아빠이기 때문에 아무리 좋은 피드백도 아이들에게는 결국 잔소리로 들릴 것이다. 그 순간의 분위기, 감정, 말 한 마디가 모두 결정적이다. 아이들이 이걸 유쾌한 잔소리로 받아들이는 건 부모에게 달렸다.

문단 나누기:
다섯 문장으로 틀잡기

구분해서 쓰는 건 문단 나누기로 완성된다. 문단은 성인조차도 개념을 정확히 모른다. 심지어 몇 문장을 쓰고 나눠야 하는지 묻기도 한다. 어렵게 생각할 필요가 없다. 문단은 하나의 생각을 담고 있는 문장의 모음이다. 생각 덩어리라고 보면 된다. 따라서 분량에 제한이 있는 게 아니다. 필요한 만큼 쓰면 된다. 한 문장으로도 충분한 생각이 있는 반면, 수십 문장을 동원해야 하는 경우도 있다. 누군가의 한 문장은 다른 사람이 한 권의 책으로 쓸 수 있는 주제가 되기도 한다. 또 누군가에게는 여러 문장에 담을 내용이 누군가의 글 속에서는 한 문장으로 표현된다.

그럼에도 불구하고 분량을 고려하는 이유는 너무 길면 삼킬 수 없기 때문이다. 하나의 생각이 수십 문장으로 쉴 새 없이 이어지면 읽는 사람이 부담스럽다. 삼겹살이나 돈가스, 스테이크를 생각해보자. 적당한 크기로 잘라먹지 않나? 글이란 건 덩어리가 적당해야 한다. 책도 생각 덩어리다. 그걸 나눠놓은 게 목차에 있는 부, 장, 절이 되는 것이고, 그 속을 다시 들여다보면 문단, 문장, 단어로 이뤄져 있다.

그런데 아이들에게는 조금 다르게 접근해야 한다. 어른에게는 나누기라고 알려줘야 하지만, 아이들은 더하기라고 해야 한다. 왜냐하면 아이들은 '퉁'치기 전문가니까! 바꿔 말하면 한 문장으로 이뤄진 여러 문단을 연관성 없이 나열하기 때문이다. 아이들은 하나의 문장을 문단으로 키워낼 수 있어야 한다.

손쉬운 방법은 최소 다섯 문장씩 쓰게 한 다음 문단 나누기, 즉 줄바꿈을 하도록 하는 것이다. 등굣길이란 일기를 쓴다고 해보자. '오늘 아침은 늦잠을 잤다'는 첫 문장을 썼다면 그 다음 네 문장은 이 문장과 '관련 있는' 내용으로 쓰게 하는 것이다. 그러면 '전에 늦잠을 잤던 경험'이 나올 수도 있고, '기분'을 쓸 수도 있고, '이후 행동'을 쓸 수도 있다. 정해진 게 없다. 그 다음 글의 전개에 따라서 어디까지가 한 문단이 될지는 알 수 없다. 중요한 건 본인이 생각했을 때 최대한 비슷한 내용으로 네 문장을 더 써준다는 데 있다.

줄 바꿈을 한 다음에는 그와 조금 다른 내용을 쓰게 한다. 장소가 바뀌거나, 시간이 바뀌거나, 감정이 바뀌거나, 다루는 내용이 바뀌거나 무슨 변화가 있어야 한다. 물론 '관련', '변화'란 개념을 아이들은 잘 모른다. 어릴수록 그렇다. 그래서 시간이 필요하고 경험이 필요하고 많이 써봐야 한다. 이건 가르친다고 되지 않는다. 본인이 받아들여야 한다. 쓰다 보면 어느 순간 아하! 하고 깨닫게 된다.

글놀이에서 언급한 문장 이어달리기를 생각해보자. 아이들이 익숙해지면 문장을 만들고 글로 옮겨 쓸 때 문장 사이를 두세 칸 띄우라고 했다. 그리고 그 칸은 아이들이 쓰고 싶은 내용을 쓰라고 했는데, 이게 바로 문단이다. 기준 문장을 두고 그와 비슷한, 연결되는, 관련 있는 몇 문장을 더 써보는 것이다.

성인 수업에서도 문단 나누기는 제대로 안 된다. 익숙지 않아서다. 하지만 습관이 들면 이보다 좋은 방법이 없다. 일단 몇 문장 쓴 다음에 각 문장 뒤로 끼워 넣기가 가능해진다. 아이들의 원고지가 지저분해져도 괘념치 말자. 머릿속에서는 구분하고 붙이고 나누는 일이 쉴 새 없이 일어나고 있으니 오히려 기뻐할 일이다.

글쓰기는 물음표와 느낌표의
끝없는 이어달리기

[글쓰기]: 물음표와 느낌표의 끝없는 이어달리기

내 명함에 새겨 넣은 문구다. 글을 쓴다는 것은 끝없이 질문하고 답하는 과정이다. 질문이 떠오르지 않으면 글쓰기는 시작할 수도, 지속할 수도 없다. 여러분이 읽고 있는 이 책 또한 '아이들의 글쓰기, 어떻게 지도해야 할까?'라는 질문에 대한 답이다. 그리고 이 질문은 '글쓰기를 시작하는 단계에서는 어떻게 이끌어야 할까?', '틀린 문장은 어떻게 고쳐줄까?' 같은 작고 구체적인 질문으로 갈라진다. 지금 이 챕터는 '글을 쓰는 데 질문이 왜 중요한가?'라는 질문을 던지고 답을 해본 것이다.

누구도 이 과정을 도와주지 않는다. 한 편의 글이나 책에 필요한 물음표와 느낌표는 모두 글 쓰는 사람 스스로 던지고 찾아야 한다. 생각할수록 새로운 답이 보이고 그 답에는 다시 질문이 붙기 마련이다. 끝없이 이어지는 달리기다. 그래서 작가라는 이름 앞에는 '전직'이라는 말이 붙지 않는다. 평생 현역이다. 글쓰기는 죽을 때까지 멈

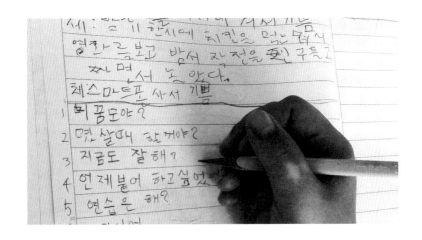

출 수 없기 때문이다.

내가 하는 글놀이 중 '인터뷰'가 있다. 주제를 정하고 상대방에게 질문을 한 다음 그 내용을 바탕으로 글을 쓰는 것이다. 놀이라고 하기에는 어려운 감이 있지만, 질문력을 키우는 데 더없이 좋은 훈련이다.

진행 방식은 간단하다. 10분을 주고 인터뷰 때 물어볼 질문을 미리 작성하도록 한다. '친구의 꿈'이라는 주제로 인터뷰를 진행한다면 꿈이 뭔지, 언제부터 그 꿈을 가지게 되었는지, 주변의 지지는 어떤지, 꿈을 이룬 사람을 만난 적이 있는지 등의 질문을 만들어보는 것이다.

그런데 대부분 3개 이상 질문을 만들지 못한다. 답하는 데만 익숙해 질문을 만들어본 적이 없어서다. 아이들 모두 고통스러워한다. 뭘하라는 건지 모르겠다고 하소연이다. 서로 만든 질문을 공유하고 토의도 시켜 질문 10개를 채운다. 이후 그 내용을 바탕으로 인터뷰를 진행한다. 질문을 만드는 데 20분 이상 걸리지만 인터뷰는 수 분 내에 끝난다. 답변을 바탕으로 글을 쓴다. 아이들이 생산하는 결과물은 다음과 같다.

철수가 만든 질문	영희의 답변	철수가 쓴 글, 〈영희의 꿈〉
• 네 꿈은 뭐야? • 언제 이룰 수 있어? • 지금 잘해? • 언제부터 하고 싶었어?	• 과학자 • 아마 30살 • 못해 • 초등학교 1학년	• 영희의 꿈은 과학자다. 서른 살이 되면 이룰 수 있다고 한다. 하지만 지금은 잘못한다. 초등학교 1학년 때부터 그 꿈을 가졌다고 한다.
• 연습은 해?	• why 책 읽고 방과후로 실험과학 들어	• why 책을 읽고 있으며 방과후로 실험과학 수업을 듣는다. 과학을 재밌어 하고 아직 과학자를 본 적은 없다고 한다.(영희의 이야기를 듣고 과학자가 되는 것도 근사하겠다 생각했다.)
• 재미있어? • 그 직업을 가진 사람 본 적 있어?	• 재밌어 • 아니	

모든 글이 이런 식으로 작성된다. 질문이 먼저다. 우리가 학창 시절 수없이 들었던 개요 쓰기, 얼개 짜기 같은 게 결국 질문을 만드는 거였다. 어떤 질문을 하느냐가 메시지는 물론 글의 성격, 다루게 될 내용, 분량까지 결정한다.

아이들이 글쓰기를 힘들어하는 이유는 질문을 만들지 못해서다. 위의 표에서 철수가 쓴 〈영희의 꿈〉을 보자. 질문에 대한 답을 쭉 이어주면 어설프지만 한 편의 글이 만들어진다. 그걸 바탕으로 문장과 문장 사이 어색한 부분을 매끄럽게 고치고 자신의 생각이나 인터뷰 상황에 대한 언급을 한두 문장 추가해보자. 글 한 편이 쉽게 완성된다.

Q 미래 사회에서는 어떤 역량이 필요할까?

우리나라 교육의 특징은 좋아하지 않으면서도 성적은 높다는 것이다. 이게 미래사회에서도 유효할까? 급변하는 환경 속에서도 학습한 내용을 바탕으로 문제를 해결하고 새로운 가치를 만들어낼 수 있을까? 소위 창의융합형 인재로 거듭날 수 있을까?

구분	초등학교 4학년		중학교 2학년	
	성취도	흥미도	성취도	흥미도
수학	2위	50위	1위	41위
과학	1위	48위	3위	26위

한국 학생의 2011년 TIMMS(수학, 과학 학업성취도 국제 비교 평가) 결과

2015년 9월 23일, 교육부는 2015 개정 교육 과정을 발표했다. 6년 만에 탈바꿈한 교육 과정은 위에서 언급한 문제의식에서 출발했다. 따라서 이전 교육 과정과는 달리 미래 사회에 필요한 핵심 역량을 도출하고 이를 중점적으로 기를 수 있도록 설계되었다. 우리 아이들이 살아갈 미래 사회에 필요한 핵심 역량을 다음의 여섯 가지로 전제했다.

첫째, 자아 정체성과 자신감을 가지고 자신의 삶과 진로에 필요한 기초 능력과 자질을 갖추어 자기주도적으로 살아갈 수 있는 자기관리 역량

둘째, 문제를 합리적으로 해결하기 위하여 다양한 영역의 지식과 정보를 처리하고 활용할 수 있는 지식정보 처리 역량

셋째, 폭넓은 기초 지식을 바탕으로 다양한 전문 분야의 지식, 기술, 경험을 융합적으로 활용하여 새로운 것을 창출하는 창의적 사고 역량

넷째, 인간에 대한 공감적 이해와 문화적 감수성을 바탕으로 삶의 의미와 가치를 발견하고 향유하는 심미적 감성 역량

다섯째, 다양한 상황에서 자신의 생각과 감정을 효과적으로 표현하고 다른 사람의 의견을 경청하며 존중하는 의사소통 역량

여섯째, 지역, 국가, 세계 공동체의 구성원에게 요구되는 가치와 태도를 가지고 공동체 발전에 적극적으로 참여하는 공동체 역량

국가경쟁력지수와 다보스포럼으로 유명한 세계경제포럼(World Economic Forum, WEF)은 2015년 10월, '교육의 새로운 비전(New Vision for Education)'이란 29쪽짜리 보고서를 통해 21세기 학생에게 필요한 16가지 스킬을 다음과 같이 정리했다.

첫째, 핵심기술을 일상적인 과제 수행에 사용하는 기초문해력(Fundamental Literacy)으로 읽고 쓰는 능력(Literacy), 수리력(Numeracy), 과학적 소양(Scientific Literacy), 정보통신 소양(ICT Literacy), 금융 소양(Financial Literacy), 인문학적 소양(Culture & Civic Literacy)등 여섯 가지다.

둘째, 복잡한 도전 과제에 접근하는 방법과 능력을 의미하는 역량(Competencies)으로 비판적 사고와 문제해결능력(Critical Thinking/ Problem Solving), 창의성(Creativity), 의사소통(Communication), 협력

(Collaboration) 등 네 가지이다.

셋째, 변화하는 환경을 대하는 태도를 뜻하는 성품(Character Qualities)으로 호기심(Curiosity), 주도성(Initiative), 끈기(Persistence), 적응력(Adaptability), 리더십(Leadership), 사회문화 의식(Social & Cultural Awareness) 등 여섯 가지이다.

괜히 살펴봤다는 생각이 든다. 복잡하다. 여섯 가지 핵심 역량은 하룻강아지에 불과했다. WEF에서는 열여섯 가지를 갖춰야 한다고 으름장을 놓고 있지 않은가. 하지만 이 모든 걸 부모가 만들어줘야 한다고 생각하지 않았으면 한다. 우리는 그저 든든한 신뢰와 지지를 보내면 된다. 아이들이 이런 역량을 키울 수 있는 자유롭고 따뜻한 환경을 만들어주는 게 어른의 역할이 아닐까.

몇 마디만 더 붙이겠다. 글쓰기를 지속하면 문장력, 구성력, 상상력, 질문력 그리고 감수성에서 높은 성장을 경험한다. 이 다섯 가지를 갖춘다면 위에서 언급한 여섯 가지 핵심 역량이나 16가지 스킬의 상당 부분이 채워지리라 믿는다. 그렇지 않은가.

질문하는 아이로
거듭나기

아이가 울상을 하고 책상에 앉아 있다. '환경 보호'를 주제로 글을 한 편 써야 하는데 어떻게 써야 할지 앞이 캄캄하다는 것이다. 벌써 한 시간이 지났지만 공책은 여전히 백지 상태다. 어떤 도움을 줄 수 있을까? 아빠 오면 같이 하자, 엄마 퇴근하면 물어봐. 이제부터는 이런 말 않기로 하자.

〈영희의 꿈〉을 썼던 철수를 떠올려보라. 철수는 가장 먼저 질문을 만들었다. 모든 글이 질문에서 시작한다는 걸 잊지 말자. 가라앉은 아이를 다독이고 주제와 관련된 어떤 질문이라도 좋으니 떠오르는 질문을 늘어놓도록 해야 한다. 이 과정을 옆에서 함께 해준다.

물론 쉽지 않다. 아이들은 생각이 안 난다며 발을 뺀다. 질문을 만드는 건 아이들에게 생소할 뿐 아니라 두려운 일이다. 그래서 보통 부모가 질문을 건네고 아이는 떠오르는 대로 답을 한다.

훌륭한 방법이지만 이 방식을 지속할 수는 없다. 결국은 아이 스스로 질문을 만들도록 계기를 마련해야 한다. 사실 부모가 던지는 질문의 어미만 바꾸면 아이가 스스로에게 던지는 질문이 되는데 아이들

머릿속에서 이런 질문 다발은 저절로 꾸려지지 않는다.

아이가 받는 질문
• 환경 보호하면 가장 먼저 뭐가 떠올라?
• 자연과 환경은 다른 거야? 그렇다면 뭐가?
• TV에서 본 북극곰은 어떤 모습이었어?
• 북극곰은 왜 슬퍼했어?
• 그 다큐멘터리는 어떻게 끝났어?
• 무슨 생각을 했어?
• 그럼 철수가 지금 할 수 있는 건 뭘까?

아이가 떠올리는 질문
• 환경보호하면 가장 먼저 뭐가 생각나지?
• 자연과 환경은 다른 걸까? 그렇다면 뭐가?
• TV에서 본 북극곰은 어떤 모습이었지?
• 북극곰은 왜 슬퍼했을까?
• 그 다큐멘터리는 어떻게 끝났지?
• 무슨 생각을 하면서 봤지?
• 내가 바로 실천해볼 수 있는 건 뭘까?

질문은 본능이다. 누군가 가르치지 않아도 물음표를 만드는 능력은 타고 난다. 하지만 어느 순간부터 아이들은 질문을 멈춘다. 주어진 정보를 습득하기에도 시간이 부족하고 버겁기 때문이다. 관심도 없는 일이라면 얼마나 곤욕이겠는가.

월드컵과 아시안게임 이후 축구에 관심이 높아진 아들은 우리가 브라질이랑 붙은 적이 있는지, 그때 스코어는 어떻게 되는지, 누가 골을 넣었는지, 장소는 어디였는지, 아빠는 직접 봤는지 아니면 TV로 봤는지, 아빠는 축구를 잘하는지, 언제부터 시작했는지 같은 질문을 거짓말 안 하고 10분 이상 퍼붓는다.

내가 아들 이야기를 왜 했을까? 관심 분야라면 질문이 생길 수밖에 없다는 걸 보여주기 위해서다. 여러분도 그렇지 않은가? 성공한 사람을 보면 돈을 어떻게 벌었는지, 사업은 어떻게 시작했는지 궁금하다. 자식을 잘 키운 부모에게는 어떻게 키우는 게 좋은지 물어보고 싶다. 궁금하기 때문이다. 내 관심사이기 때문이다. 당연한 말이다. 하지만 여기에 답이 있다.

평소 아이의 관심 분야를 주제로 묻고 답하라. 편하게 나누는 대화에 집중하라. 숙제 다 했니? 손은 씻었니? 학교에서는 별일 없었어? 저녁 뭐 먹을래? 아이와 나누는 대화를 한번 돌아보라. 일상적인 대화지만 깊어지기 어렵다. 아이가 흥미를 느끼는 주제를 두고 10분 이상 대화를 해보자.

아빠, 그런데 다리를 설치할 때 물이 있는데 어떻게 시멘트를 부어요? 이렇게 우연히 받은 질문을 미끼로 그 분야에 대해 꽤 진지한 대화도 나눠보자. 그런 경험이 질문 만드는 걸 편하게 해준다. 눈치 챘는가? 일상이 답이라는 말이다. 부모에게 질문하는 일이 부담스러워지지 않도록 마음을 열어 놓아야 한다.

질문력 강화 방법:
5W1H

바로 적용해볼 수 있는 방법을 하나 소개하겠다. 간단하다. 종이 귀퉁이에 5W1H를 써놓는 것이다. 누가, 언제, 어디서, 무엇을, 어떻게, 왜. 이 녀석들은 질문을 키우는 씨앗이 된다. 화수분에서 나온 여섯 톨의 씨앗으로 별개의 질문을 만들면 글쓰기 기초 자료가 된다. 질문의 순서나 논리적인 흐름은 신경 쓰지 않는다. 끊어지지 않도록 최대한 많은 질문을 만들어내는 게 목적이다.

· 질문만 먼저 만들 경우

　질문1 왜 환경을 보호해야 하지?

　질문2 누가 환경 보호를 위해 노력하고 있지?

　질문3 어디가 환경 오염이 심하지?

　질문4 무엇이 환경 오염의 주범이지?

　질문만 나열하는 것이 어렵다면 일단 뭐라도 좋으니 첫 문장을 쓴다. 그리고 그 문장을 바라보며 질문을 만든다. 적당한 답을 쓴 다음에는 써놓은 문장을 바라보며 계속 질문을 하고 답을 단다. 여기에서도 글의 흐름이나 논리는 고려하지 않는다. 끝없이 묻고 답해보는 연습이 중요하다.

· 질문과 답을 번갈아가면서 만들 경우

질문1 왜 환경을 보호해야 하지?

답변1 인간은 깨끗한 환경 속에서 인간답게 살 수 있다.

　　┕ **질문 1-1** 깨끗한 환경의 기준은 무엇인가?

　　　답변 1-1 먹어도 탈이 나지 않는 물, 피부에 부스럼을 유발하지 않으며 기침도 나지 않는 공기를 말한다.

　　┕ **질문 1-2** 기침 나는 공기가 우리를 불편하게 하는가?

　　　답변 1-2 매일 마스크를 쓰고 다녀야 하며 운동도 마음대로 못한다. 집 안에만 있어야 해서 엄마의 잔소리가 점점 심해질 것이다.

일기를 쓸 때도 이 방식은 유용하다. 〈떡볶이 먹은 날〉 일기는 이렇게 쓸 수 있다. 괄호 속의 질문을 스스로 떠올리도록 이끌어주는 게 중요하다.

오늘 떡볶이를 먹었다. (왜 먹었지?) 엄마가 시험을 잘 봐서 사주셨다. (왜 시험을 잘 봤지?) 다행히 시험문제가 쉬워서 100점을 받았다. (어디서 먹었지?) 집 앞 상가 분식집에서 먹었다. (누구랑 먹었지?) 친구 영석이도 같이 갔다. (어떻게 먹었지?) 떡볶이가 조금 매웠지만 물을 마시면서 맛있게 먹었다.

의문사를 이용한 질문은 평서문을 하나 작성한 후에 의문사를 끼워 넣는 형태로 만들어볼 수 있다. '환경을 보호해야 한다'를 써놓은 다음 왜 해야 하는지, 누가 해야 하는지, 어떻게 해야 하는지, 가장 시급한 곳은 어디인지, 언제부터 시작할 수 있는지, 무엇부터 해야 하는지 식으로 바꾸면 질문은 쉽게 얻어진다.

또 관점을 살짝만 바꿔도 전혀 다른 의미가 된다. 부정적인 표현을 추가해보자. 환경을 보호하기 위해 우리는 무엇을 해야 하는가라는 질문은 환경을 보호하기 위해 우리는 무엇을 하지 말아야 하는가란 질문으로 다시 태어난다.

원리는 간단하다. 하지만 이 여섯 개의 의문사를 공책에 써놓느냐 아니면 알고만 넘어가느냐에 따라 결과는 전혀 달라진다. 아이들은 머리로 상상하며 떠올리는 데 익숙지 않다. 써주자. 여섯 단어만 줘도 훨씬 풍부한 글을 쓸 수 있다.

그럼에도 불구하고
써놓은 글이 이상하다면

질문도 만들고 답도 해봤다. 이쯤 되면 아이들은 주어진 주제에 대한 글을 쓰는 데 부담이 줄어들었을 것이다. 일기처럼 자유로운 글도 예전보다는 편하게 접근할 수 있다. 물론 앞뒤 흐름이 어색한 문장이 줄을 잇고 관련 없어 보이는 내용이 번갈아가며 등장한다. 써놓은 건 많지만 무슨 말을 하려는 건지 이해가 안 된다. 잘 썼다고 하자니 애매한 구석이 있다.

당연한 소리지만 시간이 걸린다. 몇 주 만에 좋아질 글쓰기라면 왜 어른이 되어서도 보고서를 못 써 애를 먹겠는가. 앞에서 문단 나누기와 다섯 문장 쓰기를 얘기했다. 비슷한 내용끼리, 관련 있는 스토리끼리 묶는 능력을 키우는 게 중요하다. 한 순간에 생기지 않는다. 비슷하고 관련 있는 걸 구분하는 능력은 개념에 익숙해져야 생긴다. 범주화 능력을 의미한다. 속성을 따져서 포함시킬지 버릴지 알아야 한다. 기준은 정해져 있기도 하지만 글에 따라 달라진다. 그래서 특정 문장을 어디에 배치할지 결정하는 게 어려운 일이다.

예를 들어보자. '아빠 소개'라는 글이 있다. '아빠 이마에 상처가 있다'는 문장은 생김새 부분에서 이야기를 해야 할까, 취미 부분에서 다뤄야 할까? 단순히 상처가 있다는 걸 언급하는 거라면 생김새가 맞다. 하지만 이마의 상처는 자전거를 타다가 생겼다는 식으로 서술하려면 생김새에서 소개할지, 취미활동과 관련된 소재로 활용할지 고민해봐야 한다.

따라서 짧은 글이라도 논리가 있어야 자연스럽고 매끄럽다. 어른의 시선으로 봤을 때는 더더욱 그렇다. 평소 논리적이고 자연스러운 글만 보다가 아이의 글을 보면 앞뒤가 부자연스럽다. 뚝뚝 끊어지니 메시지의 전달도 흐느적거린다.

단숨에 좋아지기는 어렵지만, 질문 만들기와 병행해서 해볼 만한 방법을 소개한다. 특정 주제로 글을 써야 하는 상황을 생각해보자. 질문을 만드는 게 어느 정도 익숙해졌다면 아이와 함께 만든 질문의 순서를 잡아보는 것이다. 이 연습을 위해서는 질문이 많아야 한다. 비슷해 보이는 질문이어도 무관하다. 뭐라도 좋으니 물음표를 붙여본다.

우선 비슷한 범주에 속하는 질문끼리 묶는다. 연상작용이 일어나기 때문에 보통 멀리 떨어져 있지 않다. '아빠 소개'를 예로 들어보자. 떠오르는 대로 질문을 써봤다.

아빠는 잘 생겼나? 머리카락은 무슨 색이지? 안경을 썼나? 피부색은? 좋아하는 음식은? 하는 일은? 건강 상태는? 운동을 좋아하시나? 나랑 잘 놀아주시나? 주말에는 뭐 하시지? 퇴근하면 뭐 하시지? 키는 얼마? 몸무게는? 체격은 큰 편인가? 취미활동은? 잘하는 건 뭘까? 성격은 어떻지? 화를 잘 내는 편인가? 요리는 잘 하시나? 아빠의 형제는? 목소리는 어떻지? 노래는 잘하시나? 춤은? 친한 친구는? 학창시절 공부는 잘하셨나? 무슨 과목을 좋아했을까? 독서는 얼마나 하실까? 하는 일을 좋아하실까?

위 질문들을 주제별로 범주화시켜보자.

외모 아빠는 잘 생겼나? 머리카락은 무슨 색이지? 안경을 썼나? 피부색은? 키는 얼마? 몸무게는? 체격은 큰 편인가?

성격 성격은 어떻지? 화를 잘 내는 편인가?

특기 잘하는 건 뭘까? 목소리는 어떻지? 노래는 잘하시나? 춤은? 요리는 잘 하시나?

취향 좋아하는 음식은? 취미활동은?

관계 아빠의 형제는? 친한 친구는?

직업 하는 일은? 하는 일을 좋아하실까?

건강 건강 상태는? 운동을 좋아하시나?

공부 학창시절 공부는 잘하셨나? 무슨 과목을 좋아했을까? 독서는 얼마나 하실까?

일상 나랑 잘 놀아주시나? 주말에는 뭐 하시지? 퇴근하면 뭐 하시지?

다음으로 할 일은 범주화된 개념의 순서를 정하는 일이다. 무엇부터 소개하는 게 좋을까? 정답은 없지만, 보통 중요하다고 생각하는 것을 앞쪽에 배치한다. 다음에는 각각의 개념에서 먼저 답할 질문의 순서를 정한다. 이제 준비가 끝났다. 알고 있는 지식을 바탕으로 생각을 정리해서 풀어놓는다. 이때 읽는 사람이 궁금해 할 만한 부분을 찾아 꼼꼼하게 답한다. 이렇게 쭉 읽어보면 참 쉽다. 하지만 눈높이를 아이에게 맞춰보자. 이건 결코 쉬운 일이 아니다.

큰아들은 수업 중 가족 소개 글을 쓰며 이런 질문을 만들었다.

나이는? 직업은? 성격은? 잘하는 일은? 잠잘 때는? 집에선 보통 무슨 일을 하시지? 키는? 요리는? 외모는?

아이들의 수준은 비슷하다. 논리적인 글을 성급하게 요구하지 않기를 다시 한 번 간곡히 요청한다. 질문의 순서를 따지기에 앞서, 글의 앞뒤 흐름이나 맥락을 따지기에 앞서 풍부하게 쓰도록 해주자. 답을 하는 게 버겁다면 질문이라도 막힘없이 만들어보게 하자.

집중을 방해하는
두 가지 장애물 없애기

가능하면 한 호흡에 쓰게 하라. 오랜 시간을 책상 앞에서 보냈지만, 결국 남아 있는 게 없다면 쓰는 사람도 보는 사람도 지치기 마련이다. 쓴 글을 지우고 정확히 고치려 애쓰는 것도 좋지만 일단 풍성하게 풀어내는 과정이 먼저다. 물론 쉽지 않다. 하지만 경험상 다섯 번에 한 번 정도는 아이들도 저명한 작가처럼 한 편을 완성할 때까지 숨죽이고 쓴다. 그릇에 담아내기 전까지 집중하는 습관을 갖게 하라. 중간에 자꾸 뚜껑을 열면 맛이 안 난다.

수업 중 아이들의 글쓰기를 방해하는 건 두 가지다. 외부의 자극이다. 누군가 쓰고 있는 내용과 관련해 한 마디라도 중얼거리면 그쪽으로 관심이 바로 쏠린다. 나도 거기 가봤는데. 나는 못해봤어? 진짜? 그랬어? 그거 이름이 뭔데? 우리 엄마는 아니라던데? 언제 한데? 가만히 있으면 이야기는 끝없이 이어지고 원고지로 돌아가는 길은 점점 멀어진다. 적당한 순간 적절히 차단해야 한다. 아이들의 관심을 다시 글로 돌려야 한다.

규칙을 정하자. 원고지 쓰는 시간만큼은 집중하기로 약속한다. 다른 60분 동안은 장난도 치고, 물도 마시고, 화장실도 가고 최대한 자율을 보장하지만, 원고지 쓸 때는 10분이라도 집중해서 단숨에 쓰는 걸 강조한다. 또한 최소 세 장은 쓰도록 한다. 두부 자르듯 적용하기 어려운 순간도 있다. 융통성이 필요한 부분이다.

하지만 자유만 허락하면 쓰는 양이 점점 줄어든다. 적어도 세 장은 써야 한다는 걸 당연하게 받아들이도록 분위기를 형성하자. 나는 아이들의 대화에 은근슬쩍 동참했다가 "오케이, 거기까지"라며 대화를 마무리한다. 그러면 아이들은 "오케이, 여기까지만 쓸게요. 고맙습니다."하며 받아친다. 물론 글쓰기는 계속된다.

이걸 방지하기 위해 원고지를 쓸 때 가끔 아이들의 자리를 인위적으로 떨어뜨린다. 주방 1명, 거실 1명, 공부방 1명, 안방 1명 이런 식으로 쓸 자리를 배정하면 아이들은 친구의 중얼거림에서 해방될 수 있다. 이젠 쓰는 일만 남았다.

다음은 내부의 불안이다. 아이들은 사실을 써야 한다는 강박을 가지고 있다. 기억을 더듬어야 하는 글을 쓸 때면 증상은 심각해진다. 여행을 간 게 정확히 몇 월인지 기억이 가물가물하다거나 선물을 주신 게 둘째 이모인지 셋째 이모인지 모르겠다고 한다. 동생이랑 싸운 날 먹은 점심이 짜장면이었는지 감자탕이었는지 정확하지 않다. 그래서 어떻게 해야 하냐고 묻는다. 집에서도 빈번한 현상이다. 아이들은 사실만 써야 한다고 믿는다.

거짓을 쓰는 건 잘못이다. 하지만 아이들이 처한 상황에서 과연 '사실'이 뭘까? 정확한 내용을 쓰는 게 중요할까? 이걸 꼭 분명히 밝혀야 할까? 사안에 따라 다를 수 있지만 아이들의 글은 객관적인 정보가 없어도 괜찮은 경우가 대부분이다. '사실'에 주목해보자. 아이들

초등 글쓰기
비밀수업

에게 사실이란 "여행을 간 게 정확히 몇 월인지 기억이 가물가물하다는 것"이다. 또 "그날 먹은 게 짜장면인지 감자탕인지 정확하지 않은 것"이다. 이게 사실이다.

아이들은 아는 대로 혹은 모르는 대로 쓰면 그만이다. '여행을 간 게 정확히 몇 월인지 기억은 가물가물하지만…'이라고 쓴 후에 다음 글을 이어가면 된다. '그날 먹은 음식은 기억이 안 나지만', '영화 주인공 이름은 생각이 안 나지만'이라고 하면서 다음 문장을 그대로 써보자. 방문을 열고 나와 엄마에게 물어볼 필요가 없다.

아이의 글을 보자. '잘 기억은 안 나지만', '잘 모르겠지만' 따위의 표현이 있다면 아이가 글을 잘 쓰고 있다는 말이다.

Q 글쓰기는 창조적 사고에 어떤 도움을 줄까?

　뇌과학 입장에서 창의성은 유기체인 뇌 속의 신경망이 기존과 다른 모습으로 재구성되면서 문제 해결에 필요한 새로운 접근법을 취하거나 아이디어를 생성하려는 성향 또는 능력이다. 창의성을 발휘할 때 우리의 뇌 속에서는 신경세포인 뉴런의 축삭돌기와 다른 뉴런의 수상돌기가 미세한 간격을 두고 접합한다. 그리고 이런 접합 관계 혹은 접합 부위를 시냅스라고 한다.

　인간의 뇌 속에는 약 천억 개의 신경세포(8.6±8 백억 개의 신경세포와 8.5±10 백억 개의 비신경세포)가 있고, 각 신경세포는 약 7천 개의 시냅스 연결을 가진다. 세 살 아이의 뇌에는 대략 천조 개의 시냅스가 존재하나, 이 숫자는 나이가 들면서 감소해 성인이 되면 100~500조 개의 시냅스가 남는다. 이 엄청난 접합 관계가 바로 우리의 사고, 행동, 습관, 태도 등을 좌우한다. 새로운 습관을 형성하는데, 즉 새로운 시냅스 연결이 안정화되기까지 짧게는 3주, 길게는 6개월에서 9개월이 걸린다. 뇌는 기존과 다른 새로운 활동에 에너지가 소비되는 걸 달가워하지 않는다. 하던 대로 하길 바란다. 뇌는 기존의 방식을 선호한다. 효율적이기 때문이다.

　뇌파에 대한 여러 연구에 따르면, EEG 알파파가 창의적 사고에 민감하게 반응해 알파파가 얼마나 활성화되느냐를 근거로 창의적 사고의 정도를 추측할 수 있다고 한다. 2010년, 중등 컴퓨터 교사 10명을 대상으로 '창의적 글쓰기 발상 시 전문 영역 지식이 뇌파에 미치는 영향'을 분석한 연구를 살펴보자.

연구자는 피실험자 10명에게 일반 설명문, 전문 분야인 컴퓨터 관련 소설, 비전문 분야인 미술 관련 소설을 작성토록 하고 과제 수행전 내용을 구상하는 3분 동안 EEG를 측정했다. 측정값 분석 결과, 설명문보다 소설을 쓸 때 EEG 알파파가 높게 나타났다. 또, 전문지식이 풍부한 컴퓨터 관련 소설보다 관련 지식이 부족한 미술 관련 소설을 구상할 때 알파파가 더 활성화되었다. 역설적이게도 뭔가를 많이아는 것이 창의성을 발휘하는데 오히려 방해 요인이 됐다는 뜻이다.

사실 창의성과 지식의 관계를 다룬 여러 연구에서 다수의 연구자들은 '∩'자 모형을 지지했는데, 적정량의 지식만으로도 창의성 발휘에 큰 문제가 없다고 봤다. 앞선 연구를 예로 들면, 컴퓨터 교사가 컴퓨터 관련 소설을 구상할 때 시냅스의 새로운 연결이 상대적으로 활발하지 않았다는 걸 짐작할 수 있다. 오히려 생소한 영역을 다룰 때뇌는 더 긴장하고 새로운 연결을 시도한다는 것이다.

창의성과 글쓰기는 서로 다른 범주에 속하지만 상호작용을 통해 영향을 미칠 수 있는 관계에 있다. 창의적 사고로 남다른 글, 새로운 글을 쓸 수도 있고 글쓰기를 통해 창의성의 향상을 도모할 수도 있다.

나는 아이들에게 엉뚱한 글쓰기를 시킬 때가 많다. 알고 있는 몇개의 캐릭터를 조합해 새로운 인물을 만들도록 주문하고 무관해 보이는 경험이나 상관없어 보이는 사물들을 하나의 이야기에 등장시키도록 한다. 새로운 연결이 곧 최고의 창조적 글쓰기이다. 말이 안 될것 같은 소재를 말이 되는 글로 키우다보면, 그리고 이런 작업을 습관적으로 지속한다면 아이들의 머릿속에는 '창조적 글쓰기'를 총괄하는 시냅스가 완벽하게 안정화되지 않을까?

지우개를
버리자

때리는
엄마 이야기

"엄마는 예쁘고 요리를 아주 잘하신다. 특히 내가 좋아하는 탕수육을 직접 만들어주신다. 하지만 잔소리가 좀 심하다. 말을 안 들으면 소리를 지른다. 그래도 말을 안 들으면 때린다." 지금은 내 수업을 듣지 않는 아이가 가족 소개 글을 쓸 때 엄마를 이렇게 소개한 적이 있다. 난 평소처럼 피드백을 작성했고 1주일 뒤 수업에서는 아이들 모두 웃고 떠들며 자기 가족을 소개했다.

내 피드백이 집으로 돌아간 날 밤. 탕수육을 잘 만들지만 잔소리가 심한 어머님이 문자를 보내셨다. '때리는 엄마'로 비춰진 글 때문이었다. 문자에는 '그 날'의 일이 상세히 담겨 있었다. 나는 우선 내용에 대해서는 괘념치 마시라고 말씀드렸다. 집집마다 사는 건 다 비슷하니까. 대신 글 쓰는 게 편해졌다는 반증이니 칭찬해주라고 당부했다.

난 아이를 때린 상황을 이미 알고 있었다. 그 친구가 피드백을 보며 고쳐 쓸 때 확인했다. 난 이렇게 물었다. 어디 맞았니? 뭐로 맞았니? 왜 맞았니? 그래서 어떻게 했니, 엄마가 왜 화를 냈니? 너는 뭐라고 했는데? 등등. 상황을 종합적이고 구체적으로 알기 위한 질문이 곧 피드백이었다.

아이는 질문에 대한 답을 자신이 쓴 글 사이사이에 끼워 넣었다. 가족 소개 글이었지만 엄마에게 맞았던 이야기의 비중이 커졌다. 아이는 주제에서 벗어나는 것 같다며 불편해했지만 경험에 대해 보다 상세하게 기술하면서 그 사건을 더듬어 보는 게 더 중요하다고 일렀다.

글이란 게 원래 계획대로 되지 않는다. 쓰다보면 전혀 다른 방향으로 흘러가고 내 안에 묻혔던 스토리도 꺼내주기 때문이다. 특히 아이들의 글쓰기는 자신의 생각과 느낌을 그대로, 포장하지 말고 쓰도록 이끌어야 한다. 아무런 잣대나 기준이 없기에 아이들의 글은 순수하고 신선하고 참신하다. 그래야 흥미를 느끼고 부담을 안 가진다.

"엄마가 때렸다고 쓰면 어떡해!" 엄마 입장에서는 억울할 수 있지만 그럴수록 아이를 생각하자. 그 내용을 지우도록 혹은 다른 내용으로 대체하도록 지우개를 강요한다면 아이는 더 이상 즐겁지 않다. 게다가 이런 일이 글을 쓸 때마다 반복된다면 어떻게 될까?

아이에게 글짓기가 아닌 글쓰기를 선물해야 한다.

지워지는 건 문장이 아닌
아이의 감정

2017년 어느 봄날. 밤 9시를 훌쩍 넘겼지만 큰 아들은 씩씩거리며 다시 책상 앞에 앉았다. 평범하게 끝날 것 같던 하루가 마감을 앞두고 다시 뜨거워졌다. 사건의 발달은 이랬다.

팬스레 피곤했던 하루. 야근한다는 아내의 문자를 받고 바로 열어본 밥솥에는 밥이 얼마 없었다. 밥을 하려다 아이 셋만 밥을 먹이고 나는 라면을 먹기로 했다. 고기도 볶고 국도 간단히 끓여 아이들을 먹였다. 메뚜기 떼가 지나간 듯 그릇과 접시에는 양념 자국만 남았다.

평일에는 언감생심 TV 얘기도 못 꺼내는 녀석들에게 TV를 허락했다. 예상 못한 선물을 받은 세 놈은 쪼르륵 안방으로 들어가 침대에 걸터앉았다. 주부의 처량하지만 당당한 한 끼, 라면을 위해서였다. 그렇다고 거하게 차릴 순 없다. 언제 방문을 열고 나와 한입 달라고 할지 모른다. 찬물에 헹궈 이놈저놈 주느니 안 먹는 게 낫다. 싱크대에 기댄 채 맘 편하게 먹자는 일념 하나로 설익은 면발을 삼켰다. 몇 분도 안 되어 만찬은 끝났지만 물 마시러 나온 큰 아들이 그 광경을 목격하고 말았다. 표정이 안 좋았다.

9시 무렵, 아내에게 집안 상황 보고를 마치고 작은 녀석 둘과 침대에 누웠다. 큰놈은 일기를 마무리하고 있었다. 흐릿한 의식 속에서 현관문이 열리는 소리, 뒤이어 아내 목소리도 들렸다. 내 몫을 다한 하루, 평온했던 하루는 그렇게 천천히 마침표를 찍었다. 아니, 찍는 줄 알았다.

아내의 목소리가 커졌다. 아들의 한숨 소리도 들렸다. 아들이 일기장에 아빠를 악마라고 썼기 때문이었다. 자기들은 맛없는 밥을 주고 아빠 혼자 몰래 숨어서 맛있는 라면을 먹었다는 게 이유였다. 아빠가 주는 밥은 다시는 안 먹겠다, 아빠는 지구상에서 제일 못됐다는 등 감정을 쏟아냈다. 아내는 기가 찼는지 여러 곳을 지우며 다시 쓰라고 말했다.

아들은 아빠에게 섭섭함과 배신감을 느꼈을 것이다. 아내도 늦게 퇴근해 미안하면서도 아빠의 마음을 몰라주는 아들이 서운했을 것이다. 하지만 지우개를 들어 일기를 지웠다는 점만큼은 아내의 편을 들어줄 수가 없다.

글을 함부로 지우면 안 되는 이유는 그 문장이 어떤 감정에서 나왔는지 모르기 때문이다. 어른의 눈높이로 보면 아이의 글은 과격하거나 부족하고 말이 안 된다. 어휘력과 표현력이 떨어져 정확한 감정과 의도를 알기 어렵다. 그런데 문장을 지도하는 과정에서 어른들은 아이의 감정과 생각까지 고치려 든다. 문장을 지우는 게 아니라 아이를 지운다는 말이다. 그리고 그 자리에는 응당 느껴야 할 감정과 도출해야 할 결론을 쓰도록 강요한다.

아빠를 악마라고 하는데
그냥 넘어가요?

"아빠는 악마다."

아들에게는 아무렇지 않은 문장이 엄마의 눈에는 이상하다. 왜 그럴까? 엄마는 어휘나 문장이 품은 뉘앙스를 알기 때문이다. 아들은 악마라는 단어가 가진 사회문화적 위치, 즉 방송, 책, 잡지, 신문 등에서 쓰이는 악마라는 단어가 가진 어감을 모른다. 오히려 '붉은 악마' 응원단 명칭 때문에 친근하게 볼 수도 있다.

어른이라고 어휘력이나 표현력이 모두 뛰어나진 않지만 열 살 전후의 아이와 비교하면 월등히 높다. 그래서 어른이라면 누구나 글쓰기를 지도할 수 있는데 그런 이유 때문에 더 힘들 수도 있다. 왜냐하면 언어는 특히 어감, 문맥, 논리는 풍부한 독서, 사색, 경험을 통해 깨우치는 것이기 때문이다. 납득하지 못하는 아이가 어른 입장에서는 답답할 때가 많다.

문장에 담긴 감정과 생각을 읽지 않으면 글쓰기 지도는 불가능하다. 아이는 이해할 수 없는 어려운 설명을 늘어놓으며 논리로 무장한 어른을 이길 재간이 없다. 그럼에도 굴복하긴 싫다. 왜냐면 그 글에는 솔직한 감정과 그걸 담아낸 노력이 담겨 있기 때문이다. 알 수 없는 이유로 땀이 베인 문장을 지워야 한다면 누구든 적대감을 가질 수밖에 없다.

만약 내가 아들의 일기를 봤다면 깔깔 웃으며 더 많은 내용을 쓰도록 질문 보따리를 풀어놨을 것이다. 아빠를 악마라고 묘사한 그 감정을 헤아리며 적절히 힘을 실어주면 그만이다. 신이 난 아이는 술술 써내려간다. 기왕이면 악마의 모습도 더 묘사했으면 좋겠다고 부추겼을 것이다. 또, 김치는 먹었는지, 전혀 눈치 못 챘는지, 들켰을 때 아빠의 표정은 어땠는지, 아이의 입장이 되어 구체적이고 생생하게 쓰도록 이끌어주는 것이다. 어쩌면 아이가 몰입이란 걸 경험했을지도 모른다.

물론 사람을 악마라고 지칭하는 게 어느 정도로 나쁜지 아이에게 설명해줄 필요는 있다. 이 과정에서 보다 적합하거나 적절한 어휘와 표현을 찾도록 도와줄 수 있다. 이때도 한숨 섞인 반응을 보이거나 지우개를 내밀며 일방적인 논리를 강요하면 아이는 마음을 닫는다.

감정이란 건 살려야지 건드려선 안 된다. 잘만 어루만지면 에너지가 되는데 잘못 자극하면 철옹성이 되어 오가도 못하는 상황에 빠진다. 아이가 쓴 어휘나 표현을 개선시켜야 한다면 밑바닥부터 함께 걸어 나오는 노력이 필요하다.

Q 우리나라 학생의 글쓰기 수준은 어떨까?

글쓰기는 단순히 아는 것을 옮겨 쓰는 게 아니다. 쓰는 과정에서 새로운 정보를 얻을 수 있고 어지럽던 개념이 정립되거나 추가로 확인해야 할 부족한 점을 발견하기도 한다. 이는 쓰기활동이 곧 '학습'이라는 뜻이다.

하지만 쓰기의 중요성과 필요성에 비해 쓰기 영역의 성취는 낮은 편이다. 2011년, 미국 교육부가 중학교 2학년 24,100명, 고등학교 3학년 28,100명을 대상으로 수행한 국가 수준 쓰기능력 진단평가 결과에 따르면, 중학교 2학년은 능숙 및 우수 27%, 기본 54%, 저조 20%로 나타났다. 고등학교 3학년도 능숙 및 우수 27%, 기본 52%, 저조 21%로 비슷한 수준이었다.

반면 초등학교 4학년 213,100명과 중학교 2학년 168,200명을 대상으로 한 읽기 진단평가 결과를 보면, 초등학교 4학년에서 능숙 및 우수 34%, 기본 33%, 저조 33%, 중학교 2학년에서 능숙 및 우수 34%, 기본 42%, 저조 24%로 나타났다. 읽기 영역과 비교하면 저조자의 비율과 함께 능숙 및 우수자의 비율도 낮다. 쓰기 영역에서는 만족할 만한 성취 수준에 도달하는 게 상대적으로 어렵다.

국내에서도 중학교 3학년과 고등학교 2학년을 대상으로 국가수준 학업성취도 평가를 시행하고 있다. 그러나 국어과 쓰기 영역의 문항이 중학교 3학년은 세 문항, 고등학교 2학년은 네 문항에 불과해 타 영역과의 성취 수준을 비교하는데 무리가 따른다. 다만 매년 연구 결과에서 공통적으로 보고되는 것은 학력 수준에 따라 서술형 문제의 정답률 차이가 극심하다는 것이다. 2015년 중학교 3학년을 예로 들면, 우수 학력 학생은 모든 쓰기 문항에서 80% 이상의 정답률을 보인 반면, 보통 학력 학생은 60% 내외, 기초 학력 학생은 30%, 기초 학력 미달 학생은 20% 이하의 정답률을 보였다. 특히 교장선생님께 건의문을 작성하는 예시문의 빈칸을 채우는 문항에서는 1.6%의 정답률을 기록했다. 2017년 결과를 보면, 기초 학력 미달 학생의 정답률이 13.11% 임에도 서술형 문항의 정답률은 5% 이하였다. 정답률 2.03%, 1.37%, 3.14%를 기록했고, 심지어 93.44%의 학생이 정답을 맞힌 문항에서도 5.47%만이 정답을 썼다.

이번에는 측정 도구에 의한 계량화된 수준이 아닌 실제 작문 실태를 살펴보자. 전국 7개 지역의 중학생 189명을 대상으로 1시간가량 설명문을 작성하게 한 뒤 분석한 결과에 따르면 중·상 수준의 집단에서는 남학생의 성취 수준이 여학생보다 높은 반면, 하 집단에는 남학생 수가 압도적으로 많았다. 남학생은 기초적인 표기 및 표현 능력이 부족했다. 또 설명문임에도 불구하고 감정과 경험의 비중이 높아 객관적인 정보를 제공해도 주관적으로 받아들여질 가능성이 있다.

무엇보다도 이 연구에서 주목할 것은 문단 나누기를 거의 안 했다는 점이다. 82.54%가 형식 문단을 구분하지 않았고, 하 집단에서는 단 한 명도 문단을 나누지 않았다. 도입-중간-마무리 형식의 거시적 구조를 갖춘 글도 37.4%에 불과했다. 문단 나누기는 글쓰기의 기본이자 핵심이다. 생각 덩어리를 형성하는 단위이기 때문이다.

설명문이라는 점을 염두에 두고 다음 글을 보자. 연구자가 '상'으로 분류한 글은 개인의 경험을 흥미 있게 전하면서도 의미 있는 정보를 제공하고 있다. '중'으로 분류한 글은 개인의 경험에 치중된 경향이 높다. 반면 담겨 있는 정보에 독자가 반응할 가능성은 낮다. '하'로 분류한 글은 범주화나 구체화도 없이 단순하게 나열했을 뿐이다.

(가) 상 수준의 학생글

나는 초등학교 2학년 때 인라인 스케이트를 배우기 시작했다. 한참 배우다가 강사분께서 우리를 아이스 스케이트 장에 데려갔다. 그 당시 그런 것에 재미를 붙였었던 나였기에 같이 간 애들과 누가 더 빨리 가는지 시합도 하고 그랬다. 그게 나와 스케이트와의 첫만남이었다. 꽤 오랫동안 내 초등생활동안의 취미였던 아이스 스케이트에 대해 소려하려고 한다.

빙판 위에서 하는 스케이트는 크게 4가지가 있다. 첫 번째론 우리가 잘아는 싱글스케이트이다. 김연아선수처럼 새하얀 들판같이 넓은 빙판에서 혼자 자신의 연기를 해내는 것이다. 그 다음 둘 이하는 페어스케이트가 있다. 남·여 둘이서 하는 경우가 많고, 남·남으로 짝을 이루어 하기도 한다. 이 페어 스케이트와 비슷한 아이스 댄싱이 있다. 페어스케이트의 경우 남자가 여자를 들어올려 스핀을 하거나, 던져서 착지하는 점프등의 위험한 요소들이 많다. 이러한 것을 뺀게 아이스 댄싱이다. 마지막으로 여러 선수(약 6명정도)들이 나와서 열을 맞추어 스케이트를 타는 싱크로나이즈가 있다. (이하 생략)

(나) 중 수준의 학생글

나는 하루에 2~3시간 정도 주로 드라마를 본다. 하루중에서 내가 하고싶은 걸 할 수 있는 자유시간을 대부분 여기에 투자하는 것인데, 주로 내가 선택하게 되는 기준은 배우, 줄거리, 작가 이다.

내가 최근에 보게 된 드라마들 중 인상깊은 건 그녀는예뻤다와 두번째스무살인데, 그녀는 예뻤다는 황정음 같은 배우가 망가지고, 연기도 잘하고, 최시원과 박시준도 너무 연기도 잘하고, 고준희도 그렇고 이야기도 코믹적이어서 매우 좋게 본 것 같았다.

두번째 스무살은 최지우가 20대 시절을 40세가 돼서 재대로 살아보는 이야기인데, 이상윤과의 케미도 좋고, 금요일과 토요일에 보기에 딱 좋은 시간에 해서 보는 것 같았다.

내가 그리고 이제까지 본 드라마 중 좋았던 드라마들로는 기황후, 힐러, 별그대, 내일도칸타빌레, 너를기억해, 해를품은달, 사랑하는은동아, 굿닥터, 너를사랑한시간, 하녀들이 있는데, 이 드라마들은 분류해보면, 지창욱 2편, 김수현 2편, 박보검 2편, 주진모 2편, 하지원 2편 등 주로 내가 보는 배우들이 주연으로 나온 것이다.

초등 글쓰기
비밀수업

(다) 하 수준의 학생글

내 시계는 특별하다. 시간도 가르쳐주고, 전화도돼고, 문자도 된다. 그리고 뉴스, 카톡, 날씨 등은 핸드폰을 연동하면 가능하지만, 핸드폰이 없어 다양한 기능을 사용하지 못한다. 그래도 핸드폰이 없어도 만보기, 심박수도 잴 수 있고 노래도 들을 수 있다. 내 부모님들은 내가 핸드폰을 많이 쓴다고 이 시계로 바꿔줬다. 처음에는 신기했고 핸드폰보다 더 좋을 줄 알았는데 지금은 그냥 일반시계보다 크고 전화, 문자 되는 시계다. 그리고 전화는 잘 들리기도 않고 문자는 화면이 작아 보내기도 힘들다. 이 시계는 보통 시계보다 크지만 조금 가볍다.

가치 판단이
힘든 아이들

글쓰기 지도에서 또 하나 어려운 점은 콘텐츠의 적절성을 논하는 일
이다. 아이가 대수롭지 않게 쓴 글을 어른이 문제 삼는 경우가 종종
있다. 이때의 대립은 '아빠는 악마다'처럼 표현이 부족해서가 아니라
'어제는 아빠랑 엄마가 싸웠다'처럼 내용 그 자체에서 비롯된다.

가치 판단과 사리 분별은 아이들에게 가장 어려운 일이다. 열 살
전후의 아이들은 생각과 결정은 할 수 있어도 판단은 할 수 없다. '판
단'이라는 단어를 곰곰이 생각해보자. 판단에는 기준과 논리가 있어
야 한다. 무엇이 옳고 그른지 따져보고 옳은 결정을 내리는 게 바로
판단이기 때문이다. 하지만 아이들에겐 어른의 눈높이에 맞는 기준
과 논리가 없다. 그러므로 아무렇지 않게 써내려간 문장이 어른 앞에
선 문제의 소지가 된다.

사실 내용만 놓고 보면 참 소소하다. '저녁밥은 늘 아빠가 하는데
별로 맛이 없다, 주말마다 아빠 사무실에 놀러가 마음껏 영화를 본
다, 엄마가 소리를 지르며 혼을 냈다, 주말에 엄마랑 아빠가 싸웠다,
동생이 사라졌으면 좋겠다, 엄마랑 다시는 영화 안 볼 거다'처럼 시

시콜콜한 이야기다.

어른이라면 집안일을 구태여 일기에 써 학교 선생님께 보여줄 필요는 없다고 생각할 것이다. 나도 같은 입장이다. 하지만 아이들은 무엇이 적절하고 부적절한지 판단할 필요를 못 느낀다. 쓰고 싶은 대로, 생각나는 대로 쓸 뿐이다.

이럴 때는 어떻게 지도할까? 한 발짝 물러나 보면 허용하지 못할 이야기는 별로 없다. 대다수의 집이 비슷하게 산다. 평범한 가정에서 충분히 경험할 만한 에피소드라면 굳이 손댈 필요가 없지 않을까?

반대로, 남에게 내놓기 부끄러운 이야기라면 스스로 반성할 기회로 삼을 수 있다. '피드백' 부분에서 언급하겠지만 아이가 그런 글을 썼다면 부모가 그 옆에 댓글을 써주는 게 좋다. 사과하고 인정하고 다시 그러지 않겠다는 다짐과 위로를 해야 한다. '이런 걸 왜 쓰니!' 하며 아이의 글을 고칠 일이 아니다.

때로는 아이들이 '동생이 사라졌으면 좋겠다.', '그 녀석은 이제 꼴도 보기 싫다.', '친구를 놀리니 정말 재밌었다.'처럼 스스로를 '못된' 아이로 만드는 문장을 쓸 때가 있다. 어른들은 이처럼 과격한 문장을 만나면 실망을 표현하고 때로는 적절한 결론으로 아이를 억지로 끌고 간다. "다시는 싸우지 말아야겠다. 좀 더 배려해야겠다."는 식으로 말이다.

표현의 수위를 조절할 필요가 있다는 걸 알려주되 아이의 감정과 생각을 통제해서는 안 된다. 어떤 경우에도 어른의 논리와 의견을 일방적으로 주입해서는 안 된다. 아이들이 논리와 기준을 스스로 세우도록 천천히 함께 걸어가야 한다.

내 수업에서도 아이들은 험한 글을 쓰곤 했다. 하지만 다음 수업에서 발표할 때는 내가 별말을 하지 않았는데도 그 부분을 은근슬쩍 빼고 읽었다. 아이들은 이렇게 조금씩 기준과 논리를 만들고 성장한다고 믿는다.

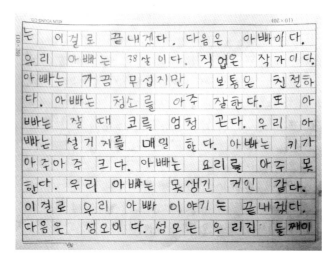

시시콜콜한 집안 이야기.
이걸 학교에서 발표한다면 엄마는 이 글을 그대로 둘까?

초등 글쓰기
비밀수업

쓰고 싶은 걸
쓰게 하라

나는 요즘 글 쓸 시간이 없다. 너무 바쁘기 때문이다. 강의 준비도 해야 하고 사람도 만나야 한다. 이뿐인가? 손흥민, 류현진, 추신수 선수의 시합을 챙겨보고 어린이집 등하원도 시키고 큰 아들 숙제도 도와줘야 하고 하루가 멀다 하고 쌓이는 재활용 쓰레기도 버려야 한다. 글 쓰는 일 외에도 해야 할 일이 너무, 정말 너무 많다. 글 쓰는 게 직업인데도 말이다. 그럼에도 불구하고 글쓰기는 쉽지 않다. 짧더라도 끄적이고 기록한다. 나중에 뭐가 될지 모르지만 일상의 감정과 생각을 남기는 일은 내 삶이 되었다.

그럼에도 불구하고 출간에 필요한 초고는 3주면 충분하다. 꾸준히 관심 영역을 탐색하며 재료를 모으다가 "자 이제 해볼까?" 마음을 먹고 나면 글만 쓴다. 이게 가능한 이유는 쓰고 싶은 주제이고 오랜 기간 참아왔기 때문이다. 그걸 1년 정도 다듬으면 책이 된다. 어디까지나 내 방식이다.

글쓰기에서 잦은 문제는 소재의 고갈이다. 막상 자리에 앉으면 뭘 써야 할지 눈앞이 캄캄해진다. 쓰고 싶은 욕구만 활활 타오르고 정작 손가락은 녹이 슬어 삐걱거린다. 저급한 생산력에 실망한 뇌는 '오늘'은 아닌 것 같다는 신호를 보낸다. 스마트폰을 들고 자리에서 일어난다. 잠깐의 기분 전환은 어느새 다른 일로 이어진다.

아이들도 같다. 놀 생각은 굴뚝인데 공부할 건 쏟아지고 글까지 써야 하니 미칠 노릇이다. 게다가 글이란 게 어디 쉬운가? 당장 오늘 뭘 했는지 기억도 안 나는데 한 페이지 가득 재미없는 자기 고백을 해야 한다.

처방은 간단하다. 쓰고 싶은 걸 쓰게 하면 그만이다. 양이 풍부할 때 아이들은 쾌감을 느낀다. 10분 만에 원고지 다섯 장을 썼다면 손목이 부러질 듯 아프겠지만 그 성취감은 말로 다 할 수 없다. 내용이 중요한 게 아니다. 썼다는 사실이 중요하다.

내 수업에서 한 아이는 '내 친구 노랑이'라는 제목으로 원고지 열 장을 썼다. 노랑이는 집에서 기르는 도마뱀인데 생김새와 습성, 먹이 등을 상당히 구체적으로 서술했다. 아무런 자료도 참고하지 않았지만 결국 열장을 넘겼다.

지어내는 이야기도 괜찮다. 새로운 캐릭터를 만들어내면서 혹은 소설처럼 스토리를 구성하면서 놀라운 상상력을 발휘한다. 엉성하고 형편없어 보이지만 뜯어보면 놀라운 문장과 비유, 상세한 표현이 숨어 있다. 교재에 명시된 혹은 어른이 제시하는 주제를 아이가 좋아할 확률은 거의 없다.

큰 아들은 월드컵 기간에 축구 이야기만 썼다. 그 주제로도 세심한 관찰, 정확한 어휘, 흥미 있는 구성이 가능하다. 똥이든, 코딱지든, 말도 안 되는 우주괴물이든 허락하라. 끌리는 소재에서 에너지가 나온다.

말도 안 되는 소리를
자꾸 쓴다고요?

강의장을 찾은 엄마들의 빈번한 푸념 중 하나는 아이가 말도 안 되는 소리를 자꾸 쓴다는 것이다. 밑도 끝도 없는 무인도 탈출기를 비롯해 하늘에서 비행기를 타고 날아가다 갑자기 땅으로 떨어져 나무를 깎아 무기를 만들더니 전쟁에서 이기고 왕국을 세운다는 도통 이해할 수 없는 이야기뿐이란다. 저런 글만 쓰고 있는 걸 가만히 봐야 하냐는 것이다. 여자 아이를 둔 부모님은 대화체가 너무 많다고 걱정이다. 시시콜콜한 대화까지 다 써놓으면서 분량만 차지하는 것 같아서 지도를 안 할 수가 없다는 입장이다. 이럴 때는 어떻게 해야 할까?

세상은 빠른 속도로 변한다. 불과 10년 전만 해도 스마트폰 활용도가 이렇게 높지 않았다. 이제는 활용을 넘어 의존이라고 하는 게 옳다. 스마트폰 없이는 지하철도 못타고 계좌이체는 물론이고 편의점에서 물도 한 병 못 사는 사람이 있다. 포털에 접속하면 내가 좋아할 만한 뉴스나 영상을 추천해준다. 어디 이뿐인가? 비슷한 취미나 성향을 가진 사람도 연락해보라고 알려준다. 개인별 담당자가 있는 것도 아닐 텐데 어떻게 이런 일이 가능할까? 가끔 섬뜩할 때도 있지만 기술의 발달 속도는 상상을 초월한다. 구글의 자회사 웨이모는 2009년에 자율주행자동차 프로젝트를 시작해 지구 둘레를 400번이나 돌며 자율주행 기술을 완성했다. 10년이 안 걸렸다. 상용화에는 법적 보호 장치와 정치적 결심이 필요하겠지만 졸음운전 걱정 없이 장거리를 이동할 수 있는 시기가 머지않아 보인다.

우리의 부모세대가 우리를 가르칠 때는 30년의 세월을 극복하면 됐지만 지금 삼사십대 부모와 자식 사이에는 100년이라는 시간의 간격이 자리하고 있다. 변화의 속도가 너무 빠르기 때문이다. 아이들이 바라보는 세상과 또 그들이 살아갈 세상은 얼마나 달라질까? 어른의 눈으로 아이를 이해하는 건 애초부터 불가한 일이 아닐까?

말도 안 되는 소리로 돌아가 보자. 여섯 권의 마법책이 있다. 이 책을 모두 손에 넣으면 세상을 지배할 수 있는 가공할 마법을 부릴 수 있다. 각 책은 악어 가죽, 코끼리 상아, 원숭이 손톱, 앵무새 부리, 상어 지느러미, 엄마의 코딱지로 만들어져 있다. 주인공인 왕꼼지는 이 책을 찾아 나선다. 하지만 중간에 만난 악당 때문에 실패하고 만다.

이런 식의 이야기가 아이의 노트에 써 있다면 많은 부모들이 쓸데없는 이야기나 쓴다며 걱정한다. 특히 저학년 때는 어느 정도 눈을 감아주지만 4학년이 되고서도 이렇다면 걱정으로 끝나지 않는다. 써먹을 수 있는 글, 어디 내놓을 수 있는 글, 즉 말이 되는 소리를 하라며 가이드라인을 제시한다. 독후감, 설명문, 주제가 있는 글을 쓰라고 다그친다.

말이 되고 안 되고를 가르는 기준은 무엇인가? 바로 위에 쓴 터무니없는 글은 마블의 영화 〈어벤져스 인피니티워〉의 스토리라인에 큰아들의 아이디어를 살짝 접목한 것이다. 이 영화는 2018년 6월 기준

전 세계에서 약 2조 원의 수익을 창출했다. 아이뿐 아니라 어른도 캐릭터의 신선함과 영상의 기술적 완성도에 감탄했다. 이처럼 문화예술 분야에서 대중의 감동을 끌어내는 수작들은 '기준'이라는 것 자체가 없다.

아이들은 다르다. 뭔가를 만들고 창조하는 글쓰기에 희열을 느끼는 걸 즐기는 아이가 있는 반면 자신의 사건을 기록하고 감정과 생각을 풀어내는 게 편한 아이도 있다. 상상 이야기는 자신 있지만 독후감은 끔찍하게 여길 수도 있다. 그 모습을 지켜보면 불안하고 못마땅할 것이다. 기왕이면 성적에 도움이 되는 논리적인 글쓰기에서 두각을 나타내면 좋겠다는 마음이 크다.

하지만 앞에서 이미 얘기했듯이 글쓰기는 그 자체로 아이의 논리적인 사고를 강화한다. 소재가 무엇이 되었든 글로 풀어내는 것만으로도 충분히 생각하는 것이다. 지금은 우스꽝스러운 상상이 얼마나 큰 스토리로 커나가고 놀라운 창의력으로 뻗어갈지 우리는 짐작도 할 수 없다. 허락하라. 뭐가 되었든 충분히 쓰고 상상하도록.

강의 때마다 소개하는 글이 있다. 하나는 내 첫 번째 수강생이었던 분이 쓴 글인데 세 아이의 달리기에 관한 내용이다. 간단히 소개하면 이렇다.

　아이 셋이 달리기를 하고 있는데 맨 앞의 친구는 저기 앞에서 혼자 달리고 있다. 두 번째 아이는 힘이 드는지 무릎에 손을 올리고 멈춰 선 채 숨을 가쁘게 고르고 있다. 그리고 그 뒤에 한참 떨어진 곳에 세 번째 아이가 넘어져서 울고 있다. 무릎에서는 피가 난다. 그런데 자세히 보니 이 아이 셋은 바로 내 머리와 마음 그리고 몸이었다. 목표를 이루려는 내 이성은 언제나 저만큼 앞서 있지만 주변을 살피는 내 마음은 늘 부족했고 몸은 만신창이가 되어 아픈 곳이 한두 곳이 아니다.

　이 글을 처음 들었을 때 소름이 돋았다. 이런 유형의 글을 쓰던 분이 아니었기 때문이다. 비유를 활용해 글을 써보라고 했을 뿐인데 세 아이와 자신의 현재 상황을 적절하게 연결 짓는 멋진 글을 써온 것이었다.

　비유가 담긴 글은 기억에 강한 자국을 남긴다. 뒷부분의 메시지는 사실 평범하다. 현대인의 다수가 이런 식으로 살아간다. 생각만 앞서고 몸은 안 따라주고 여유는 없다. 그러나 이것을 세 아이의 달리기에 비유하면 온몸이 전율하는 4D로 재탄생한다. 글이 살아서 눈앞에서 말을 걸어온다. 틈만 나면 떠올라 생각을 자극한다.

또 하나는 아이가 쓴 글이다. 초등학교 3학년을 마치고 진학하면서 담임선생님께 쓴 편지의 문장이다. 그 친구는 당시 심정을 이렇게 표현했다.

선생님과 함께한 1년은 짧은 소설을 읽은 것처럼 빨리 지나갔어요.

놀랍지 않은가. '아쉽다'는 직접적이고 건조한 표현이 아니라 '짧은 소설'이라는 촉촉한 선물에 마음을 담아 보낸 것이!

마지막으로 하나만 더 소개하겠다.

전분 가루로 입술을 칠하며 쭉쭉 늘어나는 찹쌀떡 / 뜨거운 연기가 모락모락 나는 새하얀 백설기 / 무언가를 보듬고 있는 형형색색의 송편 / 온몸으로 나무 도장을 받아내는 절편 / 제발 끊고 싶은데 자꾸 나오는 가래떡 / 짭짤하면서도 달달해 자꾸 달라붙는 꿀떡 / 겉은 까만 흑임자지만 속은 새하얀 경단 / 화려하고 달콤한 버터크림케이크 같지만 구수한 밥 냄새 나는 라이스케이크 같은 ○○○ ○○○

빈 칸에 들어갈 말은 '권귀헌 선생님'이다. 글쓰기 수업을 들은 분이 내 생일선물로 보낸 한 편의 글이다. 떡을 보며 특성을 뽑아낸 것도 놀랍지만 그 모든 게 나라는 사람과 잘 어울리는 듯해 몸 둘 바를 몰랐다.

비유는 강렬한 인상을 주면서도 이 세상 모든 것이 연결되어 있음을 깨닫게 해준다. 어린이들의 달리기를 보면서 내 인생을 돌려볼 수도 있다. 진열대에 놓인 떡을 보면서 각양각색의 사람을 생각하는 것도 가능하다. 책을 보는 행위는 사람과 만나고 이별하는 일과 닮았다. 글 속에 비유를 담기 시작하면 세상 어느 것 하나 나와 무관한 게 없음을 알게 된다.

손은 왜 자꾸
아픈 거야?

아이들은 손이 아프다고 아우성이다. 우습지만 현실이다. 멀쩡하던 손도 연필을 잡고 10분이 지나면 구멍 난 타이어처럼 흐느적거린다. 게다가 중간쯤 띄어쓰기 한 군데를 틀렸다면? 그 뒤를 모두 지우며 씩씩거린다. 다시 쓸 생각에 손목이 아프고 머리가 지끈거린다. 아무리 투덜거려도 달라질 게 없는 짜증나는 상황이다. 만약 여러분이 며칠 걸려 작성한 보고서를 다시 써야 한다면? 막 끝마친 설거지나 다 정리한 빨래를 다시 해야 한다면?

다행히도 아이를 도와줄 방법은 있다. 고쳐야 하거나 추가해야 할 내용이 있을 때 지우지 말자. 대신 교정부호를 쓰면 된다. 전문용어의 등장에 겁먹을 필요 없다. 학창시절에 왜 배우는지도, 언제 써먹는지도 몰랐던 원고지 교정부호를 찾아보자. 많아보여도 주로 사용하는 건 10개 이내다. 아이에게 상황별 써야 할 부호를 이용하도록 일러주자. 정성껏 썼던 글을 다시 지우고 쓰는 수고를 덜 수 있다. 아이도 만족할 것이다.

하지만 아이들은 뭔가를 또 배워야 한다는 사실에 부담을 느낀다.

교정부호에 대한 거부감을 보인다면 약식으로 알려주는 것도 가능하다. 중요한 것은 지우지 않고 고친다는 것이며 틀에 얽매이지 않는 것이다. 어른들이 일상에서 쓰는 삭선과 화살표면 충분하다. 고칠 부분은 삭선을 하고 그 위에 작게 쓴다. 추가해야 할 내용 혹은 특정 부분의 위치를 바꿀 때는 화살표를 쓴다. 물론 이것도 하나의 예일 뿐이다. 내 아들은 화살표만 이용해서 모든 글을 고친다. 의외로 깔끔하고 간단하다.

물론 부모들은 부담을 느낄 수밖에 없다. 깔끔하게 정돈된 글이 아니라 여기저기 고친 흔적이 있는 글을 선생님께 보이는 건 예의가 아니라 생각하기 때문이다. 하지만 난 바로 그 부분에서 상식이 필요하다고 본다. 해독해야 할 정도로 고친 부분이 많다면 다시 쓰는 게 옳은 선택이다. 그러나 몇 글자나 몇 줄 때문에 쓴 글의 절반을 날릴 필요는 없지 않은가!

나는 이렇게 해왔다. 내 방식이 모든 상황에서 정답일 수는 없다. 다 지우고 깨끗하게 다시 쓰는 걸 좋아하는 아이도 있다. 이미 그렇게 훈련이 되고 익숙해졌다면 바꿀 필요는 없다. 또, 평소에는 엉망으로 쓰던 친구도 중요한 글은 깨끗하게 써낸다. 선택은 아이와 부모의 몫이다.

지우는 습관을 경계하자. 아이의 표정을 살피자. 흔쾌히 따른다면 모를까 다시 써야 하는 일에 부담을 느낀다면 삭선과 화살표라는 팁을 알려주자. 단숨에 좋은 글을 쓸 수는 없다. 쓰는 과정에서 새로운 이야기가 떠오르기 마련이다. 빼야 할 곳도 보인다. 교정부호는 이 문제를 부담 없이 해결해준다.

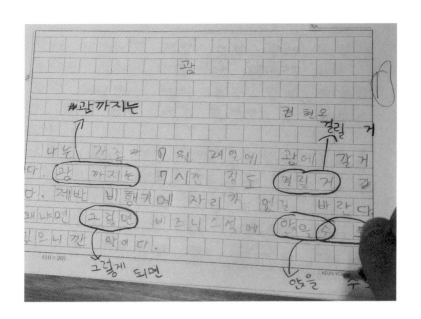

#괌까지는

검현오

내눈 가족과 12월 24일에 괌에 갈 거다. 괌 까지는 7시간 정도 걸릴 거 같다. 제발 비행기에 자리가 없길 바란다. 왜냐면 그렇면 비즈니스석에 없을 수 앉으니깐 말이다.

그렇게 되면   앉을 수

원고지를
고집하는 이유

이즈음에서 원고지 이야기를 해야겠다. 내 수업에서는 마지막 30분 동안 원고지에 글을 쓴다. 그 전에 1시간 이상 먹고 떠들며 노는 건 모두 글감을 만드는 과정이다. 아이들은 이때 얻은 재료로 형식에 구애받지 않고 자유롭게 쓴다. 물론 다른 이야기를 써도 무방하다.

자유를 중시하는 내가 제시하는 거의 유일한 가이드라인은 바로 원고지다. 엄격하고 틀에 박힌 느낌을 주는 원고지를 고집하는 이유는 두 가지로 정리할 수 있다.

우선 분량을 확인하기 위해서다. 원고지에 쓰면 아이들이 얼마나 썼는지 확인할 수 있다. 줄쳐진 공책은 편리하지만 분량을 가늠할 수 없다. 아이들마다 글씨 크기도 다르고 자간도 다르다. 한 페이지를 썼다며 당당하게 내밀지만 다른 친구들의 절반밖에 안 되는 경우도 많다. 일정 분량을 꾸준히 써야 훈련이 된다. 그래야 얼마나 구체적이고 세부적으로 쓰는지 판단할 수도 있다. 이따금 아이들은 "아, 오늘은 세 장밖에 못 썼어." 탄식하곤 한다. 이런 자각이 아이를 키운다는 사실을 명심하자. 또 아이들끼리 선의의 경쟁도 유도할 수 있다.

"민주야, 벌써 두 장이야?" 글쓰기에서는 쓰는 게 중요하다.

　두 번째 이유는 맞춤법을 확인하기 위해서다. 우리는 '맞춤법'이라 부르지만 사실은 어문규정이라고 하는 게 옳다. 우리말을 정확하게 표기하기 위해서는 한글맞춤법, 표준어규정, 외래어 표기법, 로마자 표기법을 모두 알아야 한다. 하지만 이것을 문법의 관점에서 접근해 지도한다면 아이들은 질색을 하고 달아날 것이다. 오히려 쓰면서 때때마다 익히고 배우는 게 낫다. 그러다가 비슷한 패턴이 눈에 들어오고 관심이 생기면 원리를 깨달을 수 있다. 커피 '한 잔'과 커피 '한잔'이 다르다는 사실, '숙제는커녕'에 '는커녕'이 하나의 조사라는 사실은 스스로 표현하고 고치면서 체득하는 게 빠르다. 그러므로 아이들이 음절 단위로 표기할 때, 즉 원고지에 쓸 때 정확한 피드백을 줄 수 있다.

　원고지로 지도할 때 유념할 점이 있다. 쓰는 단계에서는 맞춤법에 대한 부담을 덜어줘야 한다. 아는 건 정확하게 표기하되 모르는 것은 모르는 대로 편하게 쓰도록 이끌어야 한다. 그래서 나는 원고지에 글을 쓸 때는 맞춤법 질문을 받지 않는다. 익숙해지는 데 시간이 걸릴 것이다. 하지만 글이란 단숨에 쓰는 게 중요하다. 집중해서 쏟아낸 다음 다듬고 고치고 정리하는 습관을 들이자. 맞춤법 피드백은 별도의 장으로 편성했다.

옷장을 열 때마다
드는 생각

▷ ▷ ▷

이 사진에는 어떤 제목이 어울릴까? 수납 요령, 옷장 환기의 중요
성, 코트 구기지 않고 보관하는 법 등 여러 가지를 생각해볼 수 있다.
그런데 이게 내 옷장이라면? 게다가 내일은 오랜만에 초등학교 동창
을 만난다. 요 며칠 갑자기 쌀쌀해진 느낌마저 든다. 옷장 문을 연다.
자연스레 이런 말이 나온다. "입을 옷이 없네."

강의 때마다 이 이야기를 꺼내면 참석한 어머님 대부분이 크게 공감한다. 옷장 한 가득 옷이 있는데도 입을 옷이 없다는 건 '상황에 맞는' 옷이 없다는 뜻이다. 계절, 날씨, 기분, 만나는 사람에 따라 상황은 얼마든지 달라지니까. 그러므로 '입을 옷이 없네.'라는 말은 유행이 바뀌었다, 마음에 들지 않는다, 새것을 사고 싶다, 오랜만에 친구를 만나니 잘 보여야 한다는 뜻이다.

하지만 계절이 바뀔 때마다, 혹은 세일을 할 때마다 아내가 옷을 사는 것 같은데 어디 나갈 때만 되면 옷이 없다고 푸념하는 아내를 남자들은 이해할 수가 없다. 그러니 '입을 옷이 없다'는 아내의 푸념에 '요즘 벗고 다녀?'라고 응수하는 게 너무도 당연하다.

공감하지 못하면 대화는 겉돈다. 부부의 생각은 옷장을 볼 때마다 남북으로 멀어질 뿐이다. 물론 남자의 일방적인 이해만 강요하는 것도 옳지 않다. 이해하지 못하는 남자의 심정을 헤아리는 건 여자의 몫이다. 중요한 건 자기 입장만 고수한 채 한 발도 물러서지 않는 태도가 아닐까? 마음이 닫히면 말도 바르게 나오지 않는다. 하물며 행동이야!

글쓰기 지도에서도 공감은 핵심이다. 앞에서 함부로 지우개를 들지 말자며 강조했던 것도 문장에 담긴 감정부터 살피라는 것이었다. 도와주겠다는, 더 나은 글로 고치겠다는 마음이 앞서면 아이의 마음을 이해할 수도 공감할 수도 없다.

분량이 짧고 내용이 터무니없어도 아이의 글을 읽을 때 공감하려는 자세가 중요하다. 어떤 마음에서 출발한 건지, 왜 그렇게 판단한 건지 궁금해 하고 물어봐야 한다. 아이의 짧은 글 한 편으로도 진지하고 유쾌한 대화를 얼마든지 할 수 있다.

마지막으로 자신의 공감지수를 한번 확인해보자. 집에 손님이 왔다고 가정하고 아래 사진에 제목을 붙여보자! 여러분이 차린 이 밥상에는 어떤 제목이 어울릴까?

하버드대학교의 낸시 소머스 교수와 로라 솔츠 교수는 2001학년도 하버드 신입생의 25%에 해당하는 422명을 대상으로 글쓰기 교육이 학교 생활과 학업에 미치는 영향을 추적하는 종단연구를 수행했다. 4년의 연구 끝에 그들은, 높은 성취를 보인 학생들은 공통적으로 스스로를 글쓰기 초보라고 규정했으며 단순히 과제를 수행하는 것 이상의 목적의식을 글쓰기에서 찾으려 했다고 밝혔다. 특히 두 교수는 1학년 기간(Writing the Freshman Year)을 결정적 시기로 규정했다.

1학년이 끝날 시점에 학생들은 글쓰기가 중요하다고 인정했는데 그 이유는 다음과 같았다. 글쓰기를 통해 학교 생활에 더 동참하게 되었고(73%), 수업을 더 잘 이해할 수 있었고(73%), 수업이 재미있어졌으며(66%), 새로운 아이디어를 얻게 되었거나(57%), 새로운 관심 분야를 발견했기(54%) 때문이다.

하버드대학교 케네디 행정대학원 교수 리처드 라이트는 하버드생의 학교 생활 성공을 돕기 위해 《하버드 수재 1600명의 공부법(Making the Most of College)》을 출간했는데 글쓰기의 중요성을 강조하며 다음의 연구를 소개했다.

하워드 로빈 박사가 박사 논문을 작성하며 1977년 이후에 졸업해 40대에 접어든 동문 1600명에게 설문을 했는데 현재 자신의 일에서 가장 중요한 능력이 '글을 잘 쓰는 기술'이라고 응답한 비율이 90%에 달했다. 또, 학생들의 글쓰기를 분석해보라는 교수들의 조언에 따라 365명의 재학생을 조사해보니 실제로 글쓰기 능력이 학업과 학교 생활에 큰 영향을 미치고 있었다.

지난 20년간 하버드 글쓰기 프로그램을 이끌어온 낸시 소머스 교수는 "강의 듣고 시험 잘 쳐서 대학을 졸업할 수는 있지만 그런 사람은 평생 '학생'이나 '관찰자' 위치를 벗어날 수 없다"고 강조했다.

자체 통계에 따르면, 6명의 학생이 4년간 제출한 글이 600파운드(273kg)를 넘는다고 한다. 학생 한 명이 해마다 평균 11kg의 종이를 글로 써낸다니 놀랍지 않은가! 이 괴물 같은 곳에서는 도대체 어떻게 글쓰기를 가르칠까?

하버드는 1872년부터 논증적 글쓰기(EXPOS, Expository Writing Program) 강좌 이수를 졸업의 필수 조건으로 지정하고 있다. 세부 코스는 EXPOS Studio 10, EXPOS Studio 20, EXPOS 20, EXPOS 40로 이뤄져 있다(2019년 1월 10일 홈페이지 검색 기준). 이 중에서도 필수 코스인 EXPOS 20은 15명 이내로 진행되는 세미나 수업이다.

2018년 가을학기에는 음식문화, 문화충격, 생태위기와 기후변화, 실존주의, 인간과 자연과 환경 등 스무 개의 과정이 열렸다. 각 과정은 담당교수가 선정하거나 제작한 교재를 활용하고 한 학기 동안 주제와 밀접하게 연결된 문제를 찾아 해결해나간다. 학생은 10쪽 가량의 에세이를 세 번 작성하며 교수는 개인별 첨삭을 포함 탐구 과정 전반에 대해 조언한다. 수업은 주 2회 50분 세미나로 이어지며 수강생은 모두 토론에 참여하고 함께 이끌어 나간다.

수준이 낮은 학생을 위해 단계별로 EXPOS Studio 10과 EXPOS Studio 20을, 대중연설을 위한 프리젠테이션을 준비하고 발표하는 역량을 길러주기 위해 EXPOS 40을 제공한다.

EXPOS가 남다른 이유는 자신이 선택한 연구문제를 담당교수와 함께 해결해 나간다는 것이다. 물론 그 과정의 핵심은 바로 글쓰기이다. 사고 과정을 글로 보여주면서 함께 생각을 만들어간다.

아이들은
도깨비가 아니다

"지금 나한테 소리 지른 거야?"

10년 전이다. 지금 생각해도 아찔하다. 그리고 어이가 없다. 아내는 우측 방향 지시등을 넣더니 단숨에 세 개 차선을 넘었다. 일반 국도도 아닌 경인고속도로 남동IC 앞에서였다. 뒤따르던 차들은 고막을 끝장내겠다고 마음을 먹었는지 눈에서 사라질 때까지 경적을 울렸다. 그 뒤로 운전연습을 몇 차례 함께했지만 트라우마는 쉽게 지워지지 않았다. 가족에게 뭘 가르치는 일은 부처도 못한다는 말이 실감났다.

10년이 지났다. 대상이 아내에서 아들로 바뀌었을 뿐 난 여전히 가족을 가르친다. 아들에게 글쓰기를 지도하는 일이 운전교습에 비할 바는 아니지만 골치 아플 때가 많다. 학교에서 잘 가르치는 선생님도 자기 아이에게 설명할 때는 속이 뒤집어진다고 하지 않던가. 자식의 친구에게는 몇 번이고 설명해주는 부모도 아들과 함께 수학 문제를 풀면 5분도 안 되어 목소리가 높아진다.

자식이니까 욕심이 나고 기대하게 된다. 잘 따라주길 바라고 엄마아빠의 기분도 헤아려줬으면 좋겠고 무엇보다도 이해력이 빨랐으면 한다. 그러나 어디 그런가! 아내가 지나가는 말로 "글쓰기한 지 2년이 넘었는데 왜 글이 그대로냐"고 할 땐 나도 모르게 욕심이 생기고 아이를 다그치게 된다. 나도 모르게 내가 원하는 방향으로 아이를 밀어 넣고 있다.

글쓰기에 일정 시간을 투입했을 때 그만큼의 분량이 나오면 얼마나 좋을까? 쓰는 글마다 만족스럽다면 나 역시 소원이 없겠다. 분야를 막론하고 자신의 의견을 거침없이 쏟아낼 수 있다면 누구나 작가가 될 것이다. 이게 말이 안 된다는 걸 알면서도 부모는 아이가 일기를 쓰는데 30분씩이나 허비한다는 이유로, 혹은 상상 이야기만 쓴다는 이유로, 또는 몰아서 일기를 쓴다는 이유로 싫은 소리를 한다.

그 마음을 모르는 바 아니다. 30분이란 시간보단 집중하지 않는 게 속상해서가 아닐까? 또 상상 이야기만큼 독후감도 잘 쓰길 바라서일 테고 몰아서 쓰는 일기보단 꾸준히 쓰는 일기가 도움이 된다는 걸 알기 때문이다.

그러나 아이들 편을 좀 들고 싶다. 글쓰기에는 너무나 많은 변수가 존재하기 때문이다. 일단 아이마다 잘 쓰는 글이 다르다. 큰 아들은 캐릭터를 만들고 특징을 부여하는 상상 이야기에 강하다. 다른 남자 아이는 관찰일기에 능하다. 세심한 정도가 추종을 불허한다. 또 다른 여자 아이는 일기를 부드럽게 잘 쓴다. 일기 한 편을 써도 에세이처럼 감성이 녹아든다. 또 한 친구는 글의 구성에 뛰어나다. 단순한 이야기도 꼭 반전을 살린다.

컨디션도 고려해야 한다. 써야 하는 상황이라고 글이 다 나오는 게 아니다. 아이들도 쓰고 싶을 때가 있고 쓰기 싫을 때가 있다. 마음에

드는 주제가 있고 괜히 답답하고 힘든 주제가 있다. 하지만 이걸 고려하는 부모는 없다. 정해진 시간에 마땅한 글을 써내지 못하면 답답해할 뿐이다.

내 아이일수록 욕심을 버리고 다양한 변수를 받아들이자. 아이들은 도깨비가 아니다. 글 나와라 뚝딱 한다고 글이 나오지 않는다.

독자가 되어
함께 고치자

12년간 독자 없는
글을 쓰는 무명작가

글쓰기 지도에서 대부분의 어른들은 아이의 글에서 문제점을 찾고 고치는 데 집중한다. 고칠 부분이 줄어들면 실력이 늘었다고 판단한다. 틀린 말은 아니다. 나 역시 성인 대상 수업에서는 절반 이상을 고쳐쓰기에 할애한다. 잘 쓰는 법을 다루는 글쓰기 책도 자세히 보면 대부분 고쳐 쓰는 이야기를 하고 있다. 좋은 글은 결국 잘 고친 글이다.

그런데 이게 아이들에게는 제대로 작동하지 않는다. 의욕이 넘쳐서 쓴 글마다 더 좋은 글로 고치려는 아이가 얼마나 될까? 쉽게 말해 아이에게는 글을 잘 쓰고 싶은 욕구가 없다. 더 간결한 문장, 정확한 어휘, 논리적인 구성, 맥락에서 벗어나지 않는 흐름 등을 이야기해도 아이들은 잘 받아들이지 못한다. 이건 지식이나 경험의 부족 때문이기도 하지만 많은 경우 '그럴 마음'이 없기 때문이다.

어린이는 독자 없는 글을 최소 12년이나 써야 하는 무명작가이다. 재미가 하나도 없고 여정도 길다. 엄마아빠가 지우개를 든 편집장이라면 아이가 좋아할 리 없다. 글쓰기에 알레르기가 생기는 건 물론 부모와의 관계도 멀어질 수 있다. 공감이 먼저라고 했다. 평가자의 시선은 잠시 거두고 먼저 독자가 되자. 독자의 자격은 다음과 같다.

우선 눈높이가 낮아야 한다. 생각했던 것보다 더 낮추길 추천한다. 우리가 평소에 소비하는 글은 수많은 교정교열을 거쳤다. 오탈자가 없는 건 물론이고 글의 구성도 괜찮다. 인기작가의 글이라면 재미도 있을 것이다. 책이 아니더라도 세상에 유통되는 글, 어른이 읽는 글의 대부분은 어른이 썼다. 우리가 글은 못 쓸지라도 읽는 글의 수준은 상대적으로 높다는 말이다. 그러다가 아이의 글을 보면 답답하기 이를 데 없다. 엉터리로만 보인다. 지도한 기간이 축적될수록 실망이 커진다. 알려주는 대로 개선되지 않는다. 답은 분명하다. 눈높이를 낮춰야 한다. 기대가 낮으면 실망하는 법도 없고 감정이 상하지도 않는다.

다음으로는 첫 반응이 뜨거워야 한다. 이건 센스나 재치라고 할 수도 있다. '음~ 잘 썼는데. 오, 이 부분은 재밌네. 이야~ 어떻게 이런 걸 상상해냈지!'라는 반응을 먼저 보여줘야 한다. 글에 관한 구체적인 피드백이 필요하다면 아이의 표정을 살핀다. 충분히 마음을 나눈 뒤 내용과 형식을 다듬어 준다.

그러나 대부분의 어른이 이와는 반대로 글을 대한다. 일단 지적하고 고친 다음 나쁘지만은 않아, 읽어보니 글은 괜찮아 등의 칭찬을 한다. 이미 버스는 떠났다. 아이의 일기장을 펼치고 처음으로 보이는 반응이 한숨이고 연이어 '지우개 가져와'를 외친다면 아이들은 고립될 수밖에 없다. 눈높이를 낮추자. 어른부터 숨 쉴 여유가 생긴다. 아이의 글에서 부족한 점보다 잘한 점이 눈에 들어온다. 그래야 지속할 수 있다. 호의적인 첫 반응을 보여주자. 아이들이 주눅 들지 않는다. 자신감이 넘치면 어떤 글에도 에너지를 심을 수 있다. 글쓰기를 좋아하게 될 것이다.

고쳐쓰기가 뭔가요?

우선 고쳐쓰기의 개념을 확실히 잡고 가자. 앞서 좋은 글이란 결국 잘 고친 글이라고 언급했는데 어떤 글도 한 번에 완성되지 않는다. 시작하는 방법은 쓰는 사람마다 글의 종류마다 다를 수 있지만 글을 마무리하는 방식은 모두 같다. 고치고 고치고 또 고치는 것이다.

글의 목적은 읽는 사람의 행동을 글 쓰는 사람의 의도대로 바꾸는 것이다. 나를 바꾼다고? 하며 경계심을 가질지 모르겠다. 하지만 모든 글은 독자를 염두에 두고 쓰였으며 독자가 특정 행동을 수행했으면 하는 저자의 바람을 품고 있다.

여러분이 읽고 있는 이 글도 마찬가지다. 나는 여러분이 아이들의 글쓰기를 보다 현명하게 도와주길 바란다. 그래서 객관적인 근거도 제시하고 때로는 감정에도 호소하며 다양한 주장을 펼치고 있다. 주장은 곧 여러분이 바꾸어야 할 구체적 행동이다.

따라서 글을 고칠 때는 전달하려는 메시지가 분명한지 확인하고 독자에게 제대로 전달될지를 예상하면서 어휘를 고르고 문장을 다듬어야 한다. 또, 재미없고 뻔한 이야기는 읽지 않는다. 얻어갈 게 없으면 거들떠보지도 않는다. 다양한 소스를 구성지게 배치하는 것도 고민거리다. 고쳐쓸 때 글의 구성도 바뀔 수 있다는 말이다.

고쳐쓰기는 좁게 생각하면 맞춤법을 교정하고 표현을 매끄럽게 다듬는 것이지만 크게 보면 생각을 정교하게 다지고 제대로 전달하는 방법을 찾아가는 또 하나의 글쓰기이다. 나 또한 완성된 글을 출판사나 신문사에 보내기 전 마지막으로 한 번만 더 살펴보자고 했다가 전혀 다른 글로 고칠 때가 있다. 고칠수록 더 깊어지고 다른 관점도 발견되기 때문이다.

당연하지 않은가! 타인의 생각과 행동을 바꾸는 게 한 번에 될 일인가! 글이란 대나무를 가르는 날카로운 검처럼 예리하게 다듬어야 독자의 가슴에 출혈을 일으키고 행동의 변화를 이끈다. 고쳐쓰기는 이처럼 거창하다. 대단히 중요하고 어렵다.

하지만 글을 고쳐쓰는 사람은 거의 없다. 적당히 고민해서 한 편을 완성하면 앞뒤 가리지 않고 제출하거나 올리기 바쁘다. 인터넷에 돌아다니는 글을 보면 말문이 막힌다. 오탈자는 물론이고 무슨 말을 하려는 건지 알 수 없는 글투성이다.

아이들은 말할 것도 없다. 특히 아이들은 퉁 치기 전문가라고 했지 않은가! 머릿속 생각을 글로 옮기는데 서툴다. 글쓰기 경험이 축적되지 않았다면 처음으로 풀어낸 내용은 어설플 수밖에 없다. 다시 읽으며 고쳐야 한다. 이 과정에서 생각이 깊어지고 넓어진다. 쭉 늘어놓은 자신의 생각을 중얼거리며 곱씹어보는 과정을 상상해보자! 이게 바로 자신과 나누는 대화이다. 글 속의 상황으로 돌아가 장면을 떠올리면 더 구체적으로 회상하고 글로 더 자세히 옮길 수 있다. 더 정확하게 표현할 수 있고 때로는 새로운 이야기를 꺼낼 수도 있다.

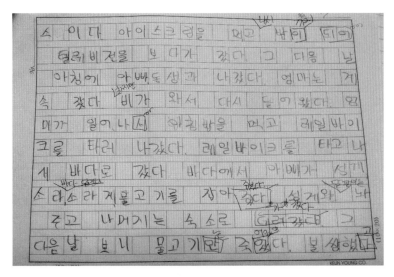

고쳐쓰기 단계에서는 스스로 고치며 생각을 다듬어간다.

한 편의 글을 썼다면 반드시 세 번 이상 정독하며 다듬어야 한다. 무슨 말을 하려고 했는지, 그 생각이 문장으로 정확하게 옮겨졌는지, 중요한 정보임에도 귀찮아서 생략한 것은 없는지, 이야기의 흐름은 자연스러운지, 혹은 반전을 줄 수 있을 만큼 흥미로운지, 표현에 오류는 없는지 등을 따져봐야 한다.

"[같이] 밑에 받침이 [ㅌ]이라고 몇 번 말했어!" 같은 피드백은 이제 접어두자. 고쳐쓰기는 단순히 맞춤법을 교정하는 게 아니다. 자유롭게 풀어낸 글을 다듬고 생각을 만드는 과정이다. 글쓰기에서 고도의 집중력이 필요한 단계이다. 아이들이 진짜 자신의 생각을 만들어가는 순간이기 때문이다. 부모와 함께 이 과정을 즐길 수 있어야 한다.

Q 문장력이 왜 의사소통의 기본인가?

    문장력을 말하면 아름다운 비유와 형언할 수 없는 수사를 떠올리기 쉽다. 시인이나 소설가의 명문장을 써내라는 게 아니다. 문장력의 사전적 의미는 글을 짓는 능력이지만 나는 '머릿속 생각을 눈앞에 문자로 풀어내는 능력'으로 규정한다.

    글을 읽을 때 정확하지 않은 문장을 만나면 무슨 뜻인지 이해하기 위해 몇 번을 다시 읽고 앞뒤 문맥을 살펴야 한다. 그런 수고를 더해도 납득이 안 갈 때가 있다. 뛰어난 문장력은 정확한 전달을 뜻한다. 아래는 아이들이 수업 중 작성한 문장이다.

1) 슬픈 책을 읽었을 때 언젠 울었다
2) 계속 아까 삐쳐서 못 놀아서 그래서 외로웠다

    무슨 뜻인지 분명하지 않다. 두 번째 문장을 쓴 아이의 의도는 이랬다. "친구랑 싸우다가 화나게 해서 혼자 놀았는데 미안하다고 했지만 기분이 풀리지 않았어요. 그런데 좀 지나고 보니 저만 빼고 자기들끼리 잘 놀고 있더라고요. 그래서 좀 외로웠어요." 아이의 말을 들은 다음에야 비로소 고개를 끄덕이게 된다. 자세하게 모든 내용을 구구절절 옮기지 않더라도 아래처럼 보다 정확하게 바꿀 수는 있다.

1) 슬픈 책을 읽고 운 적도 있다.

2) 삐친 것 때문에 함께 못 놀아 외로웠다.

문장이 나쁜 글은 가독성이 떨어진다. 독자 입장에서는 서툰 번역본을 보는 것처럼 진도가 안 나간다. 이런 문장으로는 메시지를 제대로 전달할 수 없다. 대입 혹은 취업 자소서에 부정확한 문장이 가득하다면 선발 담당자가 어떤 생각을 할까? 사하라 사막을 횡단하고 온갖 경연대회를 휩쓸었다고 해도 문장력이 떨어지면 기본이 안 된 사람으로 평가절하되기 십상이다.

'다 먹은 그릇은 싱크대에 갖다 놔야지!' 엄마들이 자주 쓰는 표현이다. 하지만 아이들은 밥을 먹었지 그릇을 먹은 건 아니다. '다 먹은 그릇'을 '빈 그릇'으로 표기할 수 있는 게 바로 문장력이다. 문장을 정확하게 쓰는 게 습관이 되지 않으면 정확히 표현하고 싶어도 마음대로 되지 않는다. 내 수업의 성인 수강생도 1주일에 한 번씩 과제를 제출하는데 피드백에는 열 개 정도의 질문이 달린다. '이건 무슨 뜻이죠?', '이런 의미인가요?', '이렇게도 해석될 수가 있을 것 같은데요?' 대부분 부정확한 문장을 다시 살펴보라는 제안이다.

또 글이란 것은 상황에 따라 다르게 해석될 수 있다. 대화라면 바로 정정이 가능하겠지만 글은 내 손을 떠나면 그만이다. 어디에서 어떻게 소비될지 관여할 수 없다. A를 생각하며 썼다면 읽는 사람도 A라고 받아들이도록 A라고 써야 한다. 다르게 해석될 수 있는 여지를 없애는 일도 문장력을 높이는 방법이다.

중요한 것은 글의 기초이자 핵심인 문장력이 글을 쓰는 행위로만 길러진다는 점이다. 글쓰기가 아니라면 문장력은 결코 좋아지지 않는다.

고쳐쓰기의 출발은
성적표를 닮은 러브레터

위대한 '고쳐쓰기'를 제대로 이해했다면 이제는 주인공과 함께 이 과정을 즐기는 일만 남았다. 하지만 주인공은 까칠할 뿐 아니라 이제고작 열 살 무렵의 어린 아이다. 생각을 다듬어야 한다느니 정확한어휘를 찾아야 제대로 전달이 된다느니 같은 이야기는 씨알도 안 먹힌다. 위대한 생각은 엄마아빠의 머릿속에 심어놓고 아이들에게 이울리는 접근법을 써보자.

먼저 내가 아이들에게 제공하는 피드백을 소개하겠다. 나는 이 피드백을 쌍쌍바라고 부른다. 아이들에게 피드백을 나눠줄 때 '쌍쌍바받아라!'라고 말한다. 두 개의 요소가 적절히 조합되어 있기 때문인데 내가 아들에게 작성해준 피드백을 살펴보자.

우선 아이들이 원고지에 작성한 글을 한글 파일로 옮긴다. 피드백의 윗부분은 일종의 첨삭인데 아이가 쓴 글에서 궁금하거나 보완할부분은 파란색으로, 고칠 부분은 빨간색으로 표시해준다. 아래 부분은 러브레터라고 부르는데, 물론 아이들은 기겁을 하지만, 글을 읽고난 후 해주고 싶은 이야기를 대화체 형태로 써준다. 소감일 때도 있

초등 글쓰기
비밀수업

나의 멍청한 순간 (권현오)

2017년 3월 9일

목요일이었다. 나는 집에서 수학 익힘책을 풀려고 ~~했든데~~ 수학익힘책을 꺼낼려는데 수학
→ 꺼내려는데

익힘책이 없었다. 그래서 학교에 갔는데 다 풀어놨었다. 괜히 시간 낭비했다. 그래서 나는 내
어 부분을 좀 더 자세히 써줘. 책 없는 걸 언제 확인했는지도.

가 멍청하다고 생각했다. 또 베란다 문이 ~~투명해서~~ 열려 있는 줄 알고 들어갔는데 머리를 꽝

박았다. ~~그 이유는~~ 베란다 문이 닫혀 있어서다. 또 도사를 흉내 냈다. (방금 전 순간이었지
→ 박았다.   → (더 정확하게) 있었는데 투명해서 몰랐다?

만) 그런데 그걸 찾은 건 내가 아니라 우경이가 찾았다. 내가 생각하면 별로 멍청한 짓이 없
어 부분은 무슨 말인지 모르겠다. 다시 써볼까?

다. 끝내 나는 멍청하다.
여기도 어떤 의미인지? 얘기 나누고 다시 써보자.

** 여기에 쓰지는 못했지만 또 실수했던 게 있었지? 그게 뭐였는지 떠올려보며 더 써보자.

---

1. 현오야 글 잘 읽었어. 누구나 살다보면 그런 실수를 하고 그런단다. 아빠는 안경을 낀
   채로 얼굴에 로션도 발라봤고 변기에 앉으면서 지갑을 빠트렸는데 그 위에다가 응가를
   한 적도 있어. 또 학교에 가는 내내 바지 지퍼를 열어 놓고 간 적도 있고 뒤에 누가
   따라오는지도 모르고 방귀를 뿌웅 시원하게 낀 적도 있지!
2. 그래도 이렇게 글로 남겨서 이 순간을 기록해두면 참 재미있을 거야. 다음에 조금 더
   커서 이걸 읽어보면 얼마나 웃길까. 오늘도 파이팅!

고 당부의 말이 들어갈 수도 있다.

쌍쌍바라고 한 이유를 알겠는가? 성적표와 러브레터가 한 장의 피
드백에 공존하고 있기 때문이다. 모짜렐라 치즈가 들어간 핫도그라
고 해도 되겠다. 아! 쌍쌍바니 핫도그니 시답잖은 이야기를 반복하는
것도 주목하면 좋겠다. 이런 접근이 아이들을 지속적으로 부드럽게
유지해준다. 경직되는 순간 아이들은 마음을 닫고 손을 멈춘다. 유쾌
한 분위기를 적절히 유지하는 일은 고쳐쓰는 단계에서도 유효하다.

여러분이 먼저 주목해야 할 부분은 바로 러브레터이다. 나는 앞에

서 아이들은 12년간 독자 없는 글을 쓰는 무명작가라고 했다. 그래서 부모가 첫 번째 독자가 되라고 했다. 이들이 집필활동을 지속하는 데 필요한 것은 독자의 사랑이다. 아이들은 먹고사는 문제를 고민할 일이 없으니 독자가 사랑만 준다면 충분히 써낼 수 있다.

댓글을 달자. 여러분은 문서로 작성하고 출력까지 할 여유가 없다. 쉽고 편한 방법으로 마음을 전하면 충분하다. 비평이나 비판이 아닌 사랑을 보여주자. 독자로서 힘을 주는 댓글이 아이들을 춤추게 한다.

포스트잇에 쓰는 걸 추천한다. 아이들의 글이 아무리 길어도 읽고 댓글을 다는데 5분이면 충분하다. 아이의 성향에 따라 부모와의 소통을 다른 누군가에게 보여주기 싫어한다면 포스트잇을 떼어 버리거나 따로 간직할 수 있다. 연필로 썼다면 지울 수도 있다. 아이가 쓴 공책 귀퉁이에 연필로 써주는 것도 괜찮다. 댓글을 어떻게 처리하는지는 아이에게 결정권을 주면 된다. 부모가 할 일은 글을 읽고 난 다음 댓글을 다는 행위 그 자체다.

댓글 작성에는 두 가지 원칙이 있다. 첫째, 아이가 쓴 표현 또는 내용을 언급해야 한다. 바로 '이' 글에 대한 댓글이라는 걸 명확히 느끼게 해야 한다. 아이들은 자신의 글을 제대로 읽었는지 단숨에 알아차린다. 가능하면 아이가 즐겁게 썼을 부분을 찾아 댓글의 소재로 삼는 게 좋다. 둘째, 엄마아빠의 경험을 소개하면 좋다. 아이의 글이 부모자식 간 소통의 출발점이 된다. 어른도 댓글을 쓰다보면 잊고 있던 기억을 찾게 된다. 아이들도 새로운 이야기에 관심을 갖는다. 즉각적인 반응은 없을 수도 있다. 하지만 머지않아 아이들은 무심코 떠올린다. "아빠! 그때 지갑 어떻게 했다고 했죠?" "아빠도 안경 쓰고 로션 발랐다고 했으면서…."

이 두 가지 원칙만 지키면서 짧은 댓글이라도 달아보자. 내가 수업을 시작하며 쌍쌍바를 던지면 아이들은 러브레터를 먼저 읽는다. 고사리 같은 손으로 가린 채 키득거리기도 하고 때로는 얼굴이 빨갛게 변하기도 한다. 그 심정을 가늠할 수 있다. 아이들은 비슷하다. 글에는 누구나 진심을 담기 때문이다.

물론 아이에 따라 반응이 없을 수도 있다. 부모자식 간에는 더 어려울 것이다. 상황이 다르므로 효과가 같을 수 없다. 그럼에도 불구하고 아이가 그 글을 읽는다는 사실은 분명하다. 적어도 한 번의 주고받음은 성사되었다. 희망을 가지면 결국 결실을 본다.

첨삭 개념 잡기

사랑을 가득 담아 댓글을 썼다면 이번에는 첨삭 부분을 도전해보자. 물론 부모에게는 부담스런 대목이다. 본인부터 글쓰기에 자신이 없는데 자식에게 이걸 가르치려니 맞지 않은 옷을 입은 듯 부자연스럽고 자신감이 떨어진다. 설사 내가 잘 쓴다고 하더라도 아이가 잘 쓰도록 이끌어주는 건 전혀 다른 영역이다.

그럼에도 불구하고 부모의 첨삭은 필요하다. 어른의 적절한 개입이 없다면 아이들의 고쳐쓰기는 겉핥기로 끝나기 쉽다. 어렵지 않으니 두려워 말기를. 우선 여기에서는 적절한 개입의 기준을 세우기 위해 첨삭이 뭔지를 좀 더 알아보자.

사전적 의미의 첨삭은 더하고 빼는 것이다. 빠진 게 있으면 보태고 불필요한 게 있으면 빼는 게 첨삭의 본질이다. 하지만 우리가 첨삭이라고 부르는 행위는 이처럼 단순하지가 않다. 빨간 펜으로 수많은 표식이 되어 돌아오는 보고서를 떠올려 보면 오탈자는 물론이고 문맥과 논리의 전개 등 글에 담기는 거의 모든 요소가 첨삭의 대상이다.

글을 쓴 사람이 주도적으로 자신의 글을 개선하는 과정을 '고쳐쓰기(퇴고)'라고 한다면 제 3자가 개선할 요소를 찾아주는 것은 '첨삭'이라고 할 수 있다. 첨삭은 질문, 교정, 교열, 윤문으로 구분할 수 있다. 물론 실제 퇴고나 첨삭이 이뤄지는 과정에서는 이 넷을 구분하지 않는다. 다만 '메시지는 분명한가?', 그리고 '제대로 전달되는가?' 두 가지 질문에 답을 찾아갈 뿐이다. '분명한 메시지가 제대로 전달될 거야'라는 답을 얻을 때까지 교정, 교열, 윤문은 동시에 끝없이 이뤄진다.

내가 이 셋을 언급한 이유는 부모가 아이의 글쓰기를 지도할 때 강제해야 할 부분과 느슨하게 할 부분이 달라서다. 먼저 각각이 뭔지 알고 가자. 먼저 질문은 말 그대로 궁금한 부분에 물음표를 붙이는 일이다. '왜 그랬던 거야?', '그래서 어떻게 했어?', '또 누가 있었어?' 질문은 내용을 보충하거나 다듬으라는 것을 요구하는 행위이다. 생각 자체가 덜 정교해서일 수도 있고, 읽는 입장에서 제대로 이해가 안 되어서일 수도 있다.

교정은 틀린 것을 고친다는 뜻이다. 잘못된 표현이나 어휘는 바로 잡아야 하지 않을까? '내 꿈은 중학생이 되기 전에 미국을 여행하고 싶다.' 이 표현은 주어와 서술어가 불일치한다. '여행하고 싶다'를 '여행하는 것이다'로 바꿔야 문법적 오류가 사라진다. '가을에 정취', '마음에 고향', '아버지에 유산'. 모두 '에'를 '의'로 바꿔야 한다. 이게 바로 교정이다.

교열은 매끄럽게 다듬는 것이다. 틀린 곳은 없지만 읽기에 부자연스럽고 표현이 거칠다면 독자는 문장을 해석하는데 어려움을 느낀다. '대한민국의 수도의 서울의 중심의 가장 큰 초등학교의 3학년 1반의 선생님은 참 좋다.' 이 문장은 틀린 건 아니지만 이상하다. '선생님'을 꾸미는 수식언이 너무 길기 때문이다. 또 '의'를 남발했다. '서울에서 가장 큰 초등학교의 3학년 1반 선생님은 참 좋다' 정도면 의미 전달에 영향을 주지 않으면서도 읽는 데 어려움이 없다. 모나지 않도록 다듬어야 한다. 이게 교열이다.

마지막 윤문은 뭘까. 좀 더 그럴듯하게 모양을 바꾸는 것이다. 소프트웨어 업그레이드를 떠올리면 된다. 아이가 '우리 엄마는 예쁘다'라고 썼을 때보다 '우리 엄마의 얼굴은 크리스마스 트리의 전구처럼 반짝반짝 빛이 난다'라고 쓴다면 엄마는 더 크게 미소를 지을 것이다. '아빠는 멋지다'보다 '아빠는 태풍에도 쓰러지지 않는 거목처럼 든든하다. 언제나 큰 그늘을 우리에게 내주신다'고 쓰면 아빠는 그 글을 사진으로 찍어 틈틈이 볼 것이다.

이상에서 첨삭의 세 가지를 살펴봤다. 처음으로 돌아가 보자. 아이의 글을 보면서 우리는 어디에 집중해야 할까? 어느 부분을 느슨하게 접근해야 할까? 어떻게 다가가야 아이가 주도적으로 자신의 글을 고치며 글쓰기 역량을 키워살 수 있을까? 이제 그 이야기를 해보자.

첫 번째 첨삭,
질문

글쓰기 지도가 어려운 이유는 부모가 좋은 글로 고쳐주려 하기 때문이다. 수차례 강조했듯 고쳐쓰기는 자신의 생각을 살피며 확고히 다져가는 과정이다. 큰 생각 덩어리를 정교하게 다듬는 일이기 때문에 고쳐쓰는 단계야말로 글쓰기의 정수라고 할 수 있다. 이 과정에 얼마나 충실히 임하느냐가 글쓰기 역량을 결정한다.

글쓰기 교육을 장기적인 프로세스로 보는 이유는 글쓰기가 문제를 해결하는 게 아니기 때문이다. 답을 찾아내는 것도 아니다. 글쓰기의 진짜 목적은 생각을 만들어가는 것이다. 따라서 다양한 주제에 대한 자기만의 생각을 가져보는 게 글쓰기 교육의 목적이다. 표현력은 자연스럽게 따라온다.

어떤 주제에 대한 자기만의 생각을 만들어본 경험이 있다면 다른 주제에 대한 생각도 정리하기 쉽다. 예상 반론에 따라 어떤 논리로 대응할지 구상해보고 근거를 마련하는 일, 다양한 사례를 제시하면서도 차이점과 공통점을 놓치지 않는 일, 구체적인 대안을 제시하면서도 한계점을 인정하는 일. 이런 흐름에 따라 생각을 만들어가는 일은 그 과정을 글로 담아낼 때 추적이 가능해지고 분명해진다. 또 놓치는 부분이 줄어들고 반복될수록 탄탄해진다.

직장을 예로 들어보자. 회의에서 '자네 생각은 어때?'라고 상사가 물었을 때 제대로 말하지 못하는 이유는 대개 생각이 정리되지 않아서다. 솔직히 말해 충분히 고민해보지 않아서다. 또는 상사가 언급한 부분은 따져보지 않았기 때문이다. 그렇다고 상사가 그런 부하를 가리켜 말을 못한다고 평가하지는 않는다. 오히려 정성과 관심이 부족한 점과 다양하게 고민하지 않았다는 사실을 지적한다.

논리적인 서술, 논술을 예로 들어보자. 논술에서 제시하는 문제 혹은 주제는 상사의 질문과 같다. 고민한 적이 있다면 비교적 수월하게 자신의 생각을 정리할 수 있다. 이건 표현의 문제이기 이전에 생각의 문제이다. 글을 아무리 잘 쓰는 사람도 생소한 주제에 대해 아무런 자료 없이 자신의 생각을 정리해 말할 수는 없다.

주어진 주제를 고민해 본 적이 있다면 비교적 수월할 것이다. 글로 써 본 적이 있다면 자연스러운 답변이 가능하다. 평가하는 입장에서는 그 글을 '반문'하며 읽는다. '이런 경우도 있지 않을까?', '이 사례는 주장과 무관한 듯한데 더 어울리는 사례가 없을까?', '무슨 말을 하는 거지?'처럼 말이다. 이런 반문은 보고를 받는 상사가 던지는 질문과 같다. '내일 비오면 행사는 어떻게 진행하나?', '보통 참석률은 몇 퍼센트나 되나?', '주차 장소는 충분한가?' 고민하지 않았다면 좌불안석이 따로 없다. 또 이런 질문도 가능하다. '이건 무슨 뜻이야?', '이 부분은 뭘 말하는 거지?' 제대로 전달이 안 된다는 뜻이다.

아이의 글을 첨삭할 때도 이와 다르지 않다. 부모가 중점적으로 할 일은 질문이다. 아이들은 세부적이고 구체적인 기술을 피하려는 경향이 있다. 습관이면서도 미숙해서 그렇다. 생각 자체가 불완전하기도 하지만 표현이 어눌해 전달이 안 되는 일도 비일비재하다.

부모는 질문을 해주는 걸로 첫 번째 소임을 다해야 한다. 완성된 생각을 만들어줘서는 안 된다. 미흡하고 힘들어해도, 심지어 아이가 질문 자체를 이해하지 못하고 받아들이지 못해도 질문을 멈춰서는 안 된다. 질문은 스스로 보완해 완성된 생각을 만들도록 기회를 주는 것이다. 또 부정확한 표현도 고쳐주기에 앞서 스스로 생각해볼 시간을 줘야 한다. 그 과정에서 아이들은 표현을 고치며 생각도 다듬는다. 아이들이 정말 모르는 경우라면 상황에 따라 몇몇 표현이나 어휘를 제안하는 것은 괜찮다. 고쳐쓰는 참고점이 될 수 있다.

글에 따라 달랐지만 나는 원고지 다섯 장을 기준으로 보통 10개의 질문을 했다. 그러면 아이들은 10개의 질문에 적극적으로 답했을까? 앞뒤 문맥을 따져 고치고 더 나은 표현으로 바꿨을까? 빠진 내용을 보충하고 완성도를 높였을까?

실망스럽게도 아니다. 보통 2개 정도를 스스로 해결하고 나머지는 잘 모르겠다, 고민했지만 생각이 나지 않는다, 이 부분은 그냥 모두 삭제하겠다 등의 말로 대체했다. 나는 이런 증상을 충분히 이해한다. 힘들기 때문이다. 어렵다. 아무리 눈높이를 낮춰 쉽게 다가가도 아이들은 다시 쓰고 고민하는 일이 싫다.

입장이 다르겠지만 나는 이 정도로 만족했다. 아이들이 내게 제출하기 전에 세 번 정도 다시 읽어보며 고쳤다. 그리고 내가 나눠준 피드백을 보면서 두 곳 정도는 고민하며 더 쓰기도 하고 표현을 다듬었다. 글 한 편을 놓고 이 정도면 충분하다고 본다.

물론 성인 수업에서는 이런 과정을 서너 번 주고받는다. 고친 글에 다시 질문을 달고, 다시 고친 게 돌아오면 나는 또 질문을 달아서 보낸다. 글이 간결해지고 메시지는 분명해진다. 그러면서도 읽는 재미가 더해진다.

　고쳐쓰는 과정을 얼마나 강하게 이끌 것이냐는 순전히 감각이다. 또 아이들과 부모의 호흡도 영향을 미친다. 지치지 않게 이끄는 게 중요하다. 자칫 생각덩어리를 꺼내 놓는 일도 거부할 수 있다. 그렇게 되면 우리는 처음부터 다시 시작해야 한다. 고쳐쓰기는 매우 중요하지만 그만큼 예민한 과정이다. 마음을 닫지 않게 잘 다독이며 해나가자.

　'다 드신'을 '빈'이라는 표현으로 바꿔야 한다. 하지만 답을 알려주기 전에 스스로 고민할 수 있는 기회를 줘야 한다. 질문을 통해 말이다. "엄마는 다 먹은 그릇을 싱크대에 갖다 두라고 말씀하셨다.' '다 먹은 그릇'은 뭘까? 어디에 있어? 뱃속에 있나?

두 번째 첨삭,
맞춤법

틀린 것은 분명히 알려줘야 한다. '틀리다'와 '다르다'가 다르다는 사실을 상기하자. 틀린 어휘, 문법, 표현, 맞춤법은 알려주는 게 좋다. 언어란 사회적 약속이기 때문이다. 첨삭의 네 가지 중 교정에 해당된다.

틀린 걸 찾는 건 익숙하다. 부모도 가장 쉽게 접근할 수 있는 영역이다. 글을 자세히 보지 않아도 눈에 띈다. '값어치'를 '가버치'라고 잘못 쓴 걸 못 찾는 어른은 없다. 아이들의 글을 이해하는데 높은 지식이 필요한 것도 아니다. 어려운 표현이나 어휘는 등장하지도 않는다. 게다가 아이와 논쟁할 여지도 없고 답은 정해져 있다. 알려주면 그만이다.

물론 예외는 있다. 틀렸다고 보기 애매한 부분이 있다. 단어의 조합으로 새로운 표현이 만들어질 때이다. 예를 들어 '내 마음은 싱싱해졌다', '어금니가 짜릿했다'는 표현을 틀렸다고 할 수 있을까? 신선하고 새롭다는 반응도 있고 보다 적절한 어휘로 바꿔야 한다는 의견도 있을 수 있다. '싱싱해졌다'를 '상큼해졌다'로 바꾸면 덜 어색할지 모른다. 또 어금니가 '찌릿했다'고 쓰면 수긍하기 쉬워진다.

그런데 '상큼'이나 '싱싱'은 비슷하다고 볼 수 있고 '짜릿하다'와 '찌릿하다'도 의미상 차이가 없다. 다만 '싱싱'이란 어휘를 감정 표현에 써보지 않아서 생소한 느낌이 강하다. 또 우리가 긍정적인 쾌감을 표현할 때 보통 '짜릿'이란 표현을 쓰기 때문에 '짜릿한 어금니'를 낯선 표현으로 규정하기 쉽다.

써오던 대로 사용하면 안전하지만 새로운 표현을 창조하기 어렵다. 언어는 생물이고 수시로 변하고 새로운 조합이 어떻게 만들어질지 감히 예상하기 어렵다. 내 눈에 어색하다고 '여기 틀렸잖아' 단정하는 우를 범해서는 안 된다.

예외 이야기는 여기까지 하고 '틀린' 이야기로 돌아가 보자. 분명히 틀렸다면 어떻게 지도해야 할까? '네 꿈 뭐야?'를 '네 꿈 모야?'라고 썼다면 어떻게 알려줘야 하나? 우선 밑줄을 그어주자. 아이들은 무슨 전문가라고 했는가! 퉁 치기다. 몰라서 틀린 게 아니라 신중하지 않아서 틀렸을 가능성이 더 크다. 표시만 해주자. 내 수업에서 아이들이 원고지를 제출할 때 고친 부분이 별로 없으면 내가 손으로 몇 군데를 짚어준다. 뭔가 이상하니 다시 보라는 뜻이다. 그러면 고칠 때도 있고 잘 모르겠다며 삐죽 웃기도 한다. 스스로 고칠 기회를 함께 가져보는 것이다. 부모가 문제를 내고 아이들이 답을 찾는 격이다.

두 번째는 아이가 모르는 경우이다. 이럴 때는 아이의 글 밑에 붉은 색으로 올바른 표현을 써주자. 그리고 아이는 그걸 한 번 따라 써보는 거다. 이거면 충분하다. 아이의 반응에 따라 약간의 규칙을 알려주는 건 추천한다. 자주 틀리는 맞춤법 중에 '먹을려고', '갈려고'가 있다. 아마도 평소 입말에 가깝게 쓰려다보니 발생하는 오류로 보인다. 그런데 '만들려고'는 맞는 표현이니 아이들은 헷갈린다. 이럴 때는 어미의 변화를 쭉 읊어보도록 해주자. 먹다, 먹고, 먹으니, 먹어서, 먹으니까, 먹으려고. 사례를 보여주면서 정보를 주면 오히려 습득에 도움이 될 것이다.

그럼에도 불구하고 다음에 또 틀린다면 친절하게 반복해주자. 맞춤법으로 부담을 주는 건 글쓰기 지도에서 좋지 않다. 단숨에 써내려가는 게 중요한데 아이들이 표기법을 신경 쓰면 집중이 안 된다. 일단 쓰도록 해야 한다. 맞춤법 때문에 자유롭게 표현하는 일에 장애가 생긴다면 차라리 맞춤법을 포기하라.

맞춤법 따위의 표기상 법칙은 본인이 관심에 따라 한 달이면 끝날 일이다. 학부모 강의 때 이따금 확인하면 어른의 맞춤법 수준이 생각보다 낮다. 관심의 문제라는 말이다. 인터넷을 십 분만 돌아봐도 틀린 표현과 부적절한 어휘가 눈 속으로 소나기처럼 쏟아진다. 본인이 관심을 갖지 않으면 맞춤법은 좋아지지 않는다. 필요하지 않기 때문에 에너지를 쓰지 않는다.

하지만 아이들일지라도 관심이 생기는 순간 살짝만 도와주면 금세 흡수한다. 그러니 꾸준히 바른 표현을 알려주는 데 만족하자. 지치지 않는 게 중요하다.

아이들의 맞춤법 오류는 대부분 단어 그 자체를 모르는 경우가 많다. '같이'를 '가치'로, '닮아서'를 '달마서'로, '굳이'를 '구지'로 쓰는 건 그 단어를 모른다는 뜻이다. 띄어쓰기처럼 형태나 쓰임을 알아야 하는 게 아니다. 해결 방법은 최대한 많이 읽고 쓰는 것이다. 병행할 수 있는 방법으로 '필사노트' 작성을 추천한다. 필사노트는 뒤에서 자세히 다루겠다.

노파심에서 한 번 더 말할 게 있다. 이런 피드백을 주기 위해서는

'충분히 매끄러운 관계'라는 전제가 필요하다. 또한 지우개를 버리자는 이야기를 하며 즉각적인 피드백은 자제하라고 했다. 글쓰기에서는 일단 쓴 다음 스스로 읽으며 다듬을 시간을 가져야 한다. 피드백은 그 다음에 이뤄져야 한다. 이 원칙을 지킨다면 아이의 글에서 틀린 부분이 조금씩 사라지는 걸 확인하게 될 것이다.

필사노트로
도랑 치고 가재 잡자

아이들에게 가만 있는 건 재채기를 참는 것만큼 어렵다. 아들 셋을 키우며 어린이집 선생님의 고단함을 알게 됐다. 또 아이들과 함께 글을 쓰며 편하게만 보였던 초등학교 선생님의 감정노동도 어마하겠다는 걸 짐작할 수 있었다. 온기를 걷어내고 얼음인형처럼 아이들을 바라본다면 모를까 아이들과 반나절 이상을 함께하는 건 그 자체로도 기력이 소진된다.

글쓰기 수업에서 분위기를 전환하고 유지하는 건 중요하다. 즐겁게 떠들고 먹으면서 웃다가도 글을 써야 할 때는 흐름을 끊고 연필을 들어야 한다. 아이들도 흥분을 가라앉히고 그 감정을 글로 옮겨야 한다. 원고지 쓰기가 시작되면 20분 정도는 집필 분위기가 지속되도록 신경 써야 한다. 그런데 쓰는 주제는 물론이고 속도도 저마다 달라 동시에 끝낼 수가 없었다. 다른 친구가 원고지 한 장을 쓰는 동안 다섯 장을 다 써버렸다면 이 친구를 어떻게 가만히 있게 할 것인가!

대학에서 강의를 할 때도 마지막 1시간은 스스로 주제를 정하고 글을 쓰게 했는데 몇몇 학생은 30분 먼저 강의실을 나가기도 했다.

때로는 절반 이상이 20분 만에 글을 다 쓴 적도 있다. 덕분에 나는 강의를 일찍 끝낸다고 수차례 경고를 받았지만 잡고 있을 명분이 없었다. 아니, 잡고 싶지 않았다. 써낸 글이 괜찮았기 때문이다.

하지만 아이들 수업에서는 이럴 수가 없지 않은가! 다 썼다고 집 밖으로 나가라 할 수도 없다. 자리를 비우는 것만으로도 분위기는 깨질 수 있다. 아이들이 수긍하면서도 지루하지 않고 글쓰기에도 도움을 주고 싶었다. 그래서 찾아낸 게 바로 필사노트 작성이다.

필사. 새로운 이야기는 아니다. 하지만 효과에 비해 널리 행해지는 학습법은 아니다. 좋은 글을 따라 쓰면 문장이 눈에 들어오고 자신도 모르게 흉내 내게 된다. 어휘력이 향상되는 건 말할 것도 없다.

아이들이 보면서 따라 써야 하는 글이라 나는 직접 노트를 제작하기로 했다. 시중에 출간된 필사노트는 내 생각과 달랐다. 디자인은 예쁘지만 일단 글이 내 마음에 들지 않았고 무엇보다도 보는 글과 써야 할 공간이 떨어져 있어 시종일관 눈동자를 움직여야 했다. 아이들에게는 안 맞았다.

우선 좋은 글이 필요했다. 나는 교과서에 수록되는 시를 산문으로 풀어썼다. 문법적으로 허락되지 않는 표현은 수정했고 어려운 어휘는 적당한 수준으로 풀어냈다. 내 책에서도 일부 내용을 발췌해 아이들의 호감을 자극했다. 또 리더십, 인간관계, 사랑과 배려 따위의 덕목을 다룬 인문학 서적도 참고했다. 당연한 내용을 좋은 문장으로 담아내는 게 관건이었다. 아이들이 쓸 글이기에 무슨 내용인지 나부터 확실히 알고 싶었다.

형식은 일반 필사노트와 달리 했다. 가만히 있게만 할 목적으로 노트를 제작하려니 뭔가 아쉬웠다. 고민 끝에 맞춤법에 취약한 친구를

위해 원고지 양식을 적용했다. 인쇄된 책을 참고했지만 애매한 부분
은 한글맞춤법과 표준어규정을 뒤지며 정확하게 옮겼다. 특히 띄어
쓰기를 꼼꼼하게 챙겼다. 가운데가 비어 있는 '외곽선' 필체로 작성
해 출력하면 눈을 어지럽게 옮길 필요 없이 그 위에 바로 필사할 수
있다. 200자 원고지를 기준으로 50페이지가량 한 묶음의 노트로 제
작해 아이들에게 나눠줬다. 그리고 글을 먼저 쓰고 남는 시간에 작성
토록 했다. 아이들은 처음에 귀찮아했지만 금세 따라왔다.

　필사노트의 효과는 예상보다 좋았다. 어느 날 한 친구가 나를 물끄
러미 바라보며 이런 말을 했다. "선생님. 이 글이 너무 좋아요. 마음
이 편해져요." 원래 이 수업을 좋아하기도 했지만 필사노트 작성에
특히 열정을 쏟던 친구였다. 시키지도 않았는데 집에서도 몇 장씩 써
와 노트를 몇 번이나 더 보충해줬다. 아이를 진정시키고 마음을 단단
하게 해주는 효과가 있었다. 또 하나는 맞춤법이 상당히 개선되었다
는 점이다. 예를 들면, 어른도 잘 모르는 '-지'를 정확하게 분별했다.
'나를 얼마나 사랑하는지'와 '학교를 떠난 지'에서 '-지'는 쓰임이 달

라 전자에서는 붙여 쓰고 후자에서는 띄어 써야 한다. 문법적인 의미는 몰라도 아이들이 이런 세세한 표현을 정확하게 표기한다는 게 놀라웠다.

여전히 부족한 부분이 많지만 필사노트의 효과는 분명했다. 6개월 정도 지속할 경우 반드시 두드러지는 차이를 확인할 수 있을 것이라 생각한다.

* 글선생 블로그에서 '필사노트'를 검색하면 바로 다운받아 활용할 수 있다.

Q 즐겁게 쓰는 게 왜 중요한가?

　스트레스가 높으면 아무 일도 할 수 없다. 상사가 보고서에 난도질을 하거나 심한 호통을 쳤다면 다시 일에 집중하는데 시간이 필요하다. 누구나 감정이 있기 때문이다. 마음이 아프면 머리를 제대로 쓰기 어렵다.

　하지만 많은 부모가 이 단순한 사실을 알면서도 지키지 못한다. 아이들은 공부하라는 말을 듣는 동시에 감정이 상하고 스트레스를 받는다. 심지어 3~5세 어린이들에 대한 연구에서도 이런 진술은 일관적이다. 그럼에도 어른들은 끝내 그 말을 하고야 만다. 일단 책상 앞에 앉으면, 책을 펴고 연필을 잡으면, 그게 습관이 되면 언젠가는 나아질 것이라 믿기 때문이다.

　교육에 대한 철학이나 입장이 다를 것이다. 하지만 나는 평생 공부하라는 얘기를 들어보지 않았기 때문에 내 아이들도 그런 환경에서 스스로 공부하길 바란다. 내 경험이 진리는 아닐 수도 있다. 세 아들이 모두 공부를 하지 않을 수도 있다. 누군가는 몸 쓰는 걸 좋아할 수도, 누군가는 흥밋거리조차 못 찾을지도 모른다. 그럼에도 불구하고 나는 아이들이 스스로의 인생을 책임지고 이끌어가길 바란다. 공부는 그걸 배워가는 과정이라고 본다. 무게중심을 잡고 자기결정성을 확립하는 수단인 것이다.

　다시 감정과 글쓰기로 돌아가 보자. 글을 쓸 때 즐거운 감정을 유지하는 것은 중요하다. 글쓰기는 뇌의 전 영역에서 상호협력적이고 총체적인 기능을 발휘해야 하는 고도의 정신활동이다. 언어를 담당하는 핵심중추, 즉 입술, 혀, 성대, 연구개 등을 전담하는 브로카 영역(표현 담당)은 물론이고 청각 정보를 받아들이고 언어의 의미를 이해하고 주요 정보를 기억장소로 보내는 베르니케 영역(수용 담당)도 관여한다. 기억과 사고를 주관하는 전두엽은 물론이고 감정을 관장하는 변연계도 상호작용한다.

특히 스트레스를 당면하면 감정과 생존을 관장하는 변연계의 특정 부위는 과도하게 활성화되지만 고차원적인 사고를 담당하는 대뇌피질 영역은 제대로 작동하지 않는다. 정서가 불안정하면 아드레날린이나 코티솔, 바소프레신 등이 분비되어 이미 우리 몸은 스트레스를 해소하기 위한 생존 모드로 돌입하게 된다. 특히 기억을 관장하는 해마는 변연계에 속하기 때문에 학습의 성과가 저조할 수밖에 없다. 글은 끼적일 수 있지만 어떤 의미도, 메시지도 생성되기 어렵다.

글을 쓸 때는 장기기억에도 접근해야 하고, 감정 상황을 회상하기도 하고, 문자를 기록하며 의미를 표상하고 상상력을 발휘하는 창의적 사고도 수행해야 한다. 뇌의 일부 영역만 사용해도 이런 일이 가능할까? 아이들이 긍정적인 감정에서 글을 쓰도록 편하고 자유로운 분위기를 만들어주는 게 중요하다.

세 번째 첨삭,
교열과 윤문

첨삭 중 질문, 교정을 살펴봤다. 이제 교열과 윤문이 남았는데 이건 쉽게 말해 감각적인 영역이다. 집필 양이 절대적인 영향을 미친다. 많이 써봐야 좋아진다. 글이 거친 건 이걸 못하기 때문이다.

먼저 교열이다. 몇 가지 문장을 예로 들어 보자. 한 친구가 등굣길이란 글에 '자전거를 탈 때는 연세대를 지나고 박문여중을 지난다'고 썼다. 하나의 문장에 같은 어휘가 중복해서 등장하면 지루해지기 쉽다. 의미상 전달에 문제도 없고 틀린 표현은 아니지만 어휘를 바꿔주거나 표현을 다른 식으로 쓰는 게 좋다. '연세대와 박문여중을 지난다', '연세대를 거친 다음 박문여중을 지난다', '연세대를 지나 박문여중을 따라 쭉 간다.' 별 차이 없어 보이지만 지루한 문장이 반복되면 읽는 사람들은 단조로움을 느낀다.

또 다른 예를 들어보자. 아들은 5월이 좋다며 이렇게 표현했다. '제일 먼저 5월이다. 좋아하는 이유는 어린이날이 있어서다. 내가 좋아하는 이유는 어린이날에 선물을 받을 수 있어서다.' 뒤의 두 문장은 '좋아하는 이유는 어린이날에 선물을 받을 수 있어서다.' 로 다듬는 게 좋다. 강조하는 경우가 아니라면 동일한 어휘가 반복되는 건 '중복'에 불과하다.

문제는 이걸 지도하는 게 쉽지 않다는 것이다. 내가 쓰는 방법은 세 가지다. 앞서 말한 대로 질문을 던져 줄 수도 있다. 무엇인가 이상하니 다시 살펴보라는 의미이다. 아이의 수준에 따라 '중복되는 표현이 있다'는 식으로 힌트를 줘도 괜찮다. 겹치는 표현이라고 범위를 줄여주면 고쳐쓰기가 수월해진다. 때로는 보다 매끄러운 표현을 직접 표기한 뒤 '이렇게 바꾸는 건 어떨까?'라고 제안을 해보는 것도 필요하다. 각각의 방법을 언제 써야하는지는 아이의 수준에 따라 달라진다.

문장의 수준을 조금 올려보자. 아래의 표에 있는 문장은 어디를 다듬어야 할까?

> 1. 수면 위로 떠오르지 않는다면 찾을 수가 없다.
> 2. 공부는 스스로 할 수 있도록 자기주도력을 기르는 게 중요하다.
> 3. 결국 반장이 이겨야 우리는 게임을 끝낼 수 있었다.
> 4. 성수는 그 광경을 자꾸 쳐다봤다. 자꾸 웃음이 나왔다.

쉽사리 찾기 어려울 것이다. 교열은 다듬어본 경험이 없다면 힘들다. 대게 교열의 필요성도 못 느낄 것이다. 다듬은 글을 보고도 별 차이를 못 느낄 수도 있다. 왜 고친 문장이 더 매끄럽고 좋은지 납득하지 못할 수도 있다.

아이들도 그렇다. 차이를 모른다. 그래서 아이들의 글은 단기간에 부드럽고 매끄럽게 변하지 않는다. 불가능하다. 오랜 기간 쓰고 고치고 다듬는 과정을 거쳐야 비로소 자신의 생각을 제대로 전달할 수 있다. 매주 원고지 5장을 한 주도 쉬지 않고 정성껏 쓰고 고쳐도 최소 2

년은 해야 한다. 그래봐야 A4용지 50장 남짓이다. 그 정도는 꼼꼼하게 봐야 더 좋은 문장이 뭔지 알아볼 눈을 가질 수 있다. 위의 문장을 다듬으면 아래와 같다.

> 1. 수면 위로 떠오르지 않는다면 않으면 찾을 수가 없다.
> 2. 공부는 스스로 할 수 있도록 하도록 자기주도력을 기르는 게 중요하다.
> 3. 결국 반장이 이겨야 우리는 게임을 끝낼 수 있었다. 게임은 끝났다.
> 4. 성수는 그 광경을 자꾸 쳐다봤다. 자꾸 괜스레 웃음이 나왔다.

윤문은 교열보다 더 감각적이고 창조적이다. 한 아이가 봄날을 맞아 오랜만에 찾아간 공원의 모습을 이렇게 표현했다. '해돋이 공원에는 벚꽃이 피었고 바람이 분다. 아직 벌거벗은 나무도 있지만 공원은 마치 영화 세트장 같다.' 잎이 자라지 않은 나무를 벌거벗었다고 표현하거나 정갈한 느낌의 공원을 영화 세트장에 비유하는 건 가르칠 수 없는 일이다.

흉내내기에 가까운 표현임에도 이런 문장을 생산하는 능력은 스스로 습득해야 한다. 보통 타인의 글에서 아이디어를 얻어 흉내를 내다가 경험이 쌓이며 순수 창작이 이뤄진다. 그러니 아이의 글에 번뜩이고 싱싱한 문장을 삽입한다고 거칠게 윤문하는 실수는 범하지 말자. 오히려 섣불리 가르치다가는 진부한 표현만 남발하게 된다. 예를 들어, 때와 장소를 가리지 않는다는 뜻으로 '동서고금을 막론하고'라는 표현을 쓰는데 이처럼 고리타분한 표현이 또 있을까! 오히려 '세종도, 베토벤도, 스티브잡스도 그리고 열 살 먹은 내 아들도 그럴 것이다.'고 표현하는 게 신선하다.

하려는 말과 딱 맞는, 그러면서도 세상에 존재하지 않았던 표현을 찾는 일이 윤문이다. 누군가 이미 써먹은 그럴듯한 표현을 싱싱한 재료인 듯 끼워 넣지 말자. 자연을 보다 더 가까이에서 바라보고 느끼면 아이의 감성은 자라나게 되어 있다. 아이들은 놀라운 표현을 스스로 창조할 수 있다.

부모가 참신한 문장과 어휘의 조합을 선보이고 싶다면 직접 자신의 글로 보여주자. 아이의 글은 글대로 두고 엄마아빠가 쓴 글에 놀라운 문장을 담아 아이가 흉내 내도록 모델이 되는 것이다.

기록은 글로,
글은 책으로

결혼 전 나는 돌아다니는 사진을 모조리 모아 두 권의 앨범에 담았다. 필름을 벗기고 사진을 올린 다음 다시 필름을 덮으면 코팅한 것처럼 깔끔했다. 어린 시절부터 서른을 앞둔 시점까지 내 성장사였다. 중대한 변곡점을 앞두고 인생을 중간 결산하는 느낌이랄까. 아무튼 새로운 기분으로 지난날을 돌아보며 의지를 다잡을 수 있었다.

정성을 쏟아 시기별로 꼼꼼하게 사진을 배치했지만 앨범은 고작 두어 번 빛을 봤다. 지금도 책장 위에서 묵묵히 먼지를 덮어쓰고 있는 그 녀석은 큰맘 먹고 대청소를 할 때나 엉덩이를 들어 자리를 옮긴다. 부모님 말씀을 빌리면 자식들 결혼시킨 뒤에나 조용히 앉아 뒤적일 여유가 있을 것이다. 몸 어딘가 조금씩 고장이 날 무렵 말이다. 그때가 되면 또 한 번의 중간결산을 해보고 싶지 않을까?

하지만 불과 10년 만에 세상은 완전히 달라졌다. 집에 온 손님에게 앨범을 꺼내 보이며 추억을 회상하는 일은 빛도 안 바랜 추억이 되었다. 스마트폰으로 언제든 사진과 영상을 찍을 수 있다. 실시간으로 공유할 수 있으며 저장도 가능하다. 소장할 수 있는 분량과 기한은 무한대다. 기록할 수만 있다면 얼마든지 언제까지나 남길 수 있다. 과학기술은 우리의 일상을 기록의 불편함에서 해방시켰다. 손가락 하나면 모든 걸 영상으로 남길 수 있다.

두 번째 중간결산은 어떤 형태가 될까? 앨범의 모습은 바뀔 게 분명하다. 부족한 상상으로는 감히 상상조차 할 수 없다. 그럼에도 불구하고 아날로그 형태의 책은 사라지지 않을 것이 확실해 보인다. 전자책이 등장하며 많은 전문가들이 종이책의 종말을 예고했지만 현실은 어떤가? 우리는 여전히 손에서 책을 놓지 않는다. 기존의 앨범도 책처럼 만들고 있다. 개별 사진을 인화해서 앨범에 끼우는 게 아니라 원하는 사진만 편집해 화보집처럼 인쇄하는 식이다. 가볍고 얇아 소장하기도 편하다. 손쉽게 편집도 가능하다. 디지털 기술을 이용하면서도 아날로그 감성을 지켜나갈 수 있는 좋은 방법이다.

아이들과 2년을 함께하며 수많은 글을 썼다. 노트에 끼적였던 글도 있고 종이쪼가리에 낙서처럼 휘갈겼다가 지금은 흔적조차 없는 글도 있었다. 반면 매주 꼬박꼬박 써내려갔던 원고지는 아이들의 노트에 겹겹이 붙어있다. 원고지를 보며 작성해준 피드백도 고스란히 내 컴퓨터에 저장되어 있다. 내가 아이들과 2년의 수업을 중간결산하는 차원에서 했던 작업은 바로 이 글을 모아 종이책으로 펴는 일이었다. 내가 앨범을 보며 의지를 다졌던 것처럼 아이들도 꾸준히 글을 써나가길 바랐다. 눈앞에서 언제든지 집어 들고 펼칠 수 있는 자기 책이 있다면 큰 힘이 될 거라 믿었다.

개인별 40편 내외의 글을 모아 100여 쪽의 책을 만들었다. 제목도 붙이고 표지에는 아이들의 이름을 저자로 올려 크리스마스 선물로 나눠줬다. 2년의 기록이니 틈틈이 읽으라고 했다. 큰 아들은 키득거리며 지난날의 기록을 들춰봤다. 단숨에 100쪽을 읽더니 엄마에게 바통을 넘겼다. 다른 아이들도 이런 글을 쓴 적이 있었나 하며 자신의 스토리를 더듬었다.

초반의 글은 오탈자는 물론 어법에 맞지 않은 날것 그대로의 글을 실었다. 뒤로 갈수록 조금씩 좋아지는 글을 스스로 발견했으면 했다. 또 글이란 게 아무리 완벽해도 다음날 보면 연애편지처럼 촌스럽고 부족하기 마련이다. 아이들도 다르지 않았다. 평범한 글도 웃음이 나는 모양이었다. 그 모습은 내게도 큰 자극이 되었다.

수많은 업체가 이 서비스를 제공한다. 우리가 제공할 건 글뿐이다. 아이가 쓴 글만 있다면 책으로 만드는 건 일도 아니다. 국제표준도서번호(ISBN)를 부여받는 정식 출판이 아니기 때문에 수준을 높게 잡을 필요도 없다.

부모가 함께하면 어떨까? 아이도 한 편, 엄마아빠도 한 편. 일주일에 한 편씩 일 년이면 충분히 책으로 낼 수 있다. 굳이 출간을 목표로 하지 않아도 좋다. 어딘가에 존재하는 짜투리 글을 모두 모아서 책으로 만들어도 괜찮다.

글 선생의
마지막 당부

여기까지 다 읽어낸 여러분에게 감사를 표한다. 이쯤 되면 이걸 해야 하나 의문이 들 것이다. 어려운 일이다. 장기 레이스다. 단숨에 되지 않는다. 마라톤을 넘어 철인삼종에 가깝다. 하지만 꼭 해야 한다. 시공간을 초월해 글로 말하는 글로말 시대이기 때문이다. 내가 쓴 글이 나이며 내 얼굴이고 브랜드이다. 앞으로 더욱 중시되는 창의력, 소통력, 공감력을 기르는 데도 글쓰기만큼 좋은 공부는 없다. 글쓰기로 자신의 가치를 높이면서 일상을 만끽할 수도 있다. 학업성적에 영향을 주는 것은 물론이고 감정을 관리하는 데도 좋다. 이 좋은 글쓰기를 옆에서 도와주지는 못할망정 망치고 있다면 얼마나 안타까운가!

부모도 함께 쓰자. 쓴 글을 바꿔 읽고 궁금한 점을 묻고 답한다면 이보다 좋은 공부는 없다. 글쓰기라면 응당 그런 모습이어야 한다. 적어도 글쓰기를 시작하는 초등학교 저학년 때는 그랬으면 좋겠다. 민주주의의 발전 과정을 논하라는 머리 아픈 이야기가 아니니 함께 쓰는 게 어렵지도 않다. 고작 몇 문장이면 충분하다. 5분도 안 걸린다.

그럼에도 불구하고 함께 쓰기는 어렵다. 자녀교육만 놓고 봐도 수

많은 책들이 '엄마표' 공부를 비롯해 '하루 10분' 아빠독서나 놀이 등 무거운 책임과 의무를 강조한다. 일일이 나열하지 않아도 부모에게는 할 일이 너무 많다. 돈도 벌어야 하고 밥도 해야 하고 청소는 물론 빨래도. 이 평범한 일상을 해나가는 일만 해도 대부분의 부모는 버겁다. 그런데 글까지 쓰라니 한가한 소리나 한다고 푸념할 것이다.

엄마아빠부터 글쓰기를 좋아하면 문제는 쉽게 해결된다. 5분에 답이 있다. 인간의 본성이 글쓰기를 지향하기 때문이다. 문명의 발달 이전부터 기록하고 전하려 했던 본능을 주목해보자.

인간은 누구나 자신의 이야기를 남기고 싶어 한다. 여러분도 다르지 않다. 글쓰기를 배우지 않아도 우리는 오랫동안 생각하고 표현해왔지 않은가!

배운 적이 없고 써본 적이 없어서 글을 쓰는 게 가능할지 모르겠다는 분들이 평생학습관이나 도서관에서 함께 글을 썼다. 거친 손가락 사이에 펜을 끼워 넣고 안경을 코끝까지 내린 다음 투박하고 큼직한 글씨로 종이를 채워 나간다. 하늘에 계신 아버지께, 얼마 전 출산한 딸에게, 인생2막을 앞둔 자기 자신에게 마음을 전한다. 돈에 대한 경험담, 친구가 보고 싶다는 추억담, 한참 어린 선생에게 글쓰기를 배우는 소회까지.

나는 결코 글쓰기를 가르친 적이 없다. 쓸 수 있다는 자의식을 일깨웠을 뿐이다. 내가 주는 시간은 3분에서 5분. 고작 분침 다섯 번 돌 시간에 놀라운 글이 쏟아졌다. 냉장고 한 구석을 차지하고 있는 다진 마늘을 보면 돌아가신 친정엄마가 떠오른다는 어느 선생님의 글은 지금도 내 마음을 따뜻하게 어루만지고 있다. 먼저 떠난 아내에게 걱정 말라며, 두 딸의 결혼으로 자신의 역할은 이제 끝났다고 말하는 한 신사 분의 글을 읽을 때는 나도 모르게 눈물이 났다.

　이처럼 환상적인 교감이 이뤄지는데 5분이 채 안 걸렸다. 아이와 함께 주말에 있었던 일을 써보자. 등굣길이 어떤지 상상하며 몇 문장을 나열해보자. 어떤 반찬을 좋아하고 어릴 때는 무슨 만화를 즐겨봤는지 써보자. 부모님에게 어떤 아들이고 딸이었는지, 또 어떤 부모가 되고 싶은지 고백해보자. 낯 뜨겁다 생각하지 않았으면 좋겠다. 글쓰기를 지도하는 건 아이에게도 큰 공부가 되지만 부모에게도 더 없이 좋은 일이다.

쓸 수 없다면 쓸모없다

루시모드 몽고메리의 소설 '그린 게이블스의 앤'에 이런 말이 나온다. 세상일이 생각대로 되지 않는 건 근사한 일이라고. 왜냐면 생각지도 못한 일이 일어나기 때문에. 빨강머리 앤이 유행하기 전 우연히 이 문장을 접하고 내 책《삶에 행복을 주는 시기적절한 질문》에 소개했다. 강의를 다니면서 수없이 떠들었다. 목적을 분명히 하라. 그러면 목표로 했던 일이 틀어지고 실패해도 새로운 목표를 세우고 다시 일어설 수 있다. 목적만 분명하다면 얼마든 돌아가도 괜찮지 않은가.

군복을 벗은 지 4년째다. 17년을 군인으로 살다 사업 한번 해보자고 군을 떠났다. 하지만 막내가 태어나며 육아를 시작했고 미뤘던 사업은 우선순위에서 사라진 지 오래다. 오히려 육아를 하며 엄마들의 삶을 체험했고 그때의 감정과 일상을《아이 셋 키우는 남자》라는 에세이로 펴냈다. 이후 엄마들에게 글쓰기가 필요하다는 사명감으로 주부 글쓰기 교실을 열었고 전국으로 확산시키고자《엄마의 글공부》를 출간했다. 글쓰기 수업과 강좌, 특강을 병행했다. 이때부터 나는 글쓰는 문화를 확산하는 글 선생이 되기로 마음을 먹었다.

프롤로그에서도 밝혔듯 이 무렵 나는 큰 아들과 친구 세 명에게 글쓰기를 가르치기 시작했다. 끊어질 듯 끊어지지 않았던 그 수업이 어느덧 3년차에 접어들었다. 2년간 쓴 글을 모아 작은 책으로 펴내며 중간결산을 한 번 했다. 아이들은 5학년이 되어서도 이 수업을 한다는 게 다행이라는 반응이다. 내가 쏟은 정성은 보잘것없는데 아이들의 사랑은 이처럼 크다.

하나의 프로그램으로 커버린 이 수업을 전국에 소개하고 싶었다. 전국을 돌며 강연을 할 때마다 엄마는 물론이고 아이들에게도 글쓰기가 필요하다는 걸 확신했다. 논리적인 글, 성적 향상에 도움이 되는 글, 과제 수행에 필요한 글이라고 할 수도 있다. 그러나 나는 여전히 내가 가장 잘 이끌어낼 수 있는 일상 글쓰기를 선물하고 싶다.

아이들에게도 삶은 존재한다. 겨우 열 살 남짓이지만 그 속에는 수많은 역사적 순간이 자리 잡고 있다. 단 하루 속에도 인상적인 찰나는 반드시 존재한다. 아이들이 그걸 기록했으면 싶었다. 관심 없는 주제를 벗어던지고 자신의 이야기, 좋아하는 주제, 쓰고 싶은 글감을 글에 담아내는 법을 알려주고 싶었다. 그러면 아이들이 글쓰기를 사랑할 수 있지 않을까. 그 질문에 대한 답은 이 책이 해주리라 믿는다.

아이들 수업과 부모 특강을 거듭하며 자료를 가다듬었다. 그 덕에 구상과 집필에 2년 가까이 걸렸다. 초등 글쓰기 지도의 모든 것을 담았다고 할 수는 없지만 전과는 다른 새로운 접근법과 구체적인 팁이 담겨 있다고 확신한다.

이 책의 일등공신은 아이들이다. 부족한 글 선생과 2년을 함께한 민채, 세준, 우경, 그리고 나의 아들 현오에게 고마움을 표한다. 또 묵묵히 응원과 지지를 보내주신 어머님들께도 심심한 감사의 말을 전한다. 이분들이 아니었다면 이 책의 모태가 된 글쓰기 수업은 시작되지 않았을 것이다. 웅진그룹의 강준영 과장님께도 큰 빚을 졌다. 아이들과 지지고 볶던 동네수업을 콘텐츠로 만들어 세상에 내놓도록 이끌어주셨다. 전국에서 근사한 강의를 하도록 준비해주신 웅진씽크빅 육성국장님들의 노고도 빼놓을 수가 없다. 이분들 덕분에 조금씩 영양가를 더할 수 있었다. 아이들의 10년 후를 생각하는 그 마음에 조금이나마 보탬이 되었으면 한다.

그런 콘텐츠를 책으로 만들어 세상에 내주신 서사원 장선희 대표님께도 큰 빚을 졌다. 원고만 보고 단숨에 출간을 결정하셨다. 덕분에 부모와 자녀의 동반 성장을 고민하는 행렬에 한 자리 차지할 수 있게 됐다. 힘들 때마다 따뜻한 밥을 사주고 격려를 아끼지 않았던 ㈜미오백 곽상희 선생님께도 진심으로 고마움을 표한다. 오르막에서는 밀어주고 내리막에서는 넘어지지 않도록 중심을 잡아주셨다. 또 ㈜크라운리스크컨설팅을 이끄는 준태와 동현이도 번뜩이는 아이디어와 현장의 목소리를 가감 없이 전해줘 큰 힘이 됐다. 천천히 갚아가겠다. 그래야 오래도록 볼 수 있으니 말이다.

끝으로 미우나 고우나 옆에서 나를 지키고 때로는 기대며 살고 있는 사랑하는 아내 진희, 존재만으로도 힘이 되는 둘째 성오와 막내 민오에게도 무한의 사랑과 고마움을 전한다. 가족이 있기에 나는 불구덩이에서도 타지 않고 버틸 수 있다. 생각한 적 없었던 책을 펴냈고, 생각하지 않았던 일을 하고 있다. 생각대로 되지 않아 근사하다는 빨강머리 앤의 말을 실감한다. 글을 쓰라. 아이들도 쓰게 하라. 쓸 수 없다면 쓸모없는 시대가 되었다. 진정 자신의 삶을 살고 싶다면 쓰고 쓰게 하라. 생각지 못한 일이 펼쳐질 것이다.

참고문헌

23쪽 Q. 왜 글을 써야 하는가?

1)   이한중 역(2010). 나는 왜 쓰는가: 조지 오웰 에세이. 한겨레출판사

38쪽 Q. 왜 못 쓸까? 어떻게 도와야 할까?

2) . 김애화(2016). 쓰기 교육과정중심측정을 통한 초등학교 쓰기부진학생의 작
      문 성취도에 대한 예측 변인 연구. 초등교육연구(29-1), 45-70.
      이재승(2000). 작문 부진의 원인과 진단 방법. 국어교육학연구(10), 169-
      195.
      Graham, S., & Harris, K. R.(1997). It can be taught, but it does not
      develop naturally: Myths and realities in writing instruction. School
      Psychology Review, 26(3), 414-424.

59쪽 Q. 글쓰기가 자제력 향상에 도움이 될까?

3)   김경숙 역(2014). 자제력: 결심을 현실로 바꾸는 성공의 열쇠. 인플루엔셜.
      박진숙, 정현진, 박종승(2008). 학업성취도 향상을 위한 컴퓨터게임의 활용.
      한국컴퓨터게임학회 논문지(14), 71-80.
      신순영, 김창석(2002). 컴퓨터 게임의 이용행태가 학습전략과 학업성취도에
      미치는 영향. 컴퓨터교육학회논문지(5-2), 79-89.

99쪽 Q. 글쓰기가 공부에 도움을 줄까?

4)   서장원(2007). 글쓰기로 체육활동 내면화하기. 한국스포츠교육학회지(14-
      3), 89-105.
      이호진, 최경희(2004). 과학글쓰기에 나타나는 초등학생들의 선행 개념 및

오개념. 교과교육학연구(8-3), 421-435.

김용익(1999). 수학교육에서의 쓰기(Writing)의 활용 방향. 대한수학교육학회지(학교수학 1-2), 589-603.

Hayden, R.(1989). Using Writing to Improve Student Learning of Statistics. Writing Across the Curriculumn(1-1), 1-9.

111쪽 Q. 학교에서 '쓰기'를 어떻게 가르치고 평가할까?

5)   가은아(2016). 2015 개정 교육과정에 따른 초·중학교 국어과 평가기준 개발 연구. 한국교육과정평가원.

교육부(2018). 초등학교 교육과정(교육부 고시 2018-162호, 교육부 고시 제 2015-74호의 일부 개정). 교육부.

130쪽 Q. 미래 사회에서는 어떤 역량이 필요할까?

6)   세계경제포럼(2015). 교육의 새로운 비전(New Vision for Education). 세계경제포럼.

146쪽 Q. 글쓰기는 창조적 사고에 어떤 도움을 줄까?

7)   김순화, 송기상(2010). 창의적 글쓰기 발상 시 전문 영역의 지식이 좌측 측두엽의 EEG 알파파 억제에 미치는 영향. 인지과학(21-3), 409-427.

조성면(2010). 뇌과학에 기반한 창의적 글쓰기와 문화콘텐츠기획. 한국학연구(22), 191-219.

정광희, 이정모(2005). 지식유형과 인지양식이 글 요약과 이해에 미치는 영향. 인지과학(16-4), 271-285.

Azevedo, F. et al. (2009). Equal numbers of neuronal and nonneuronal cells make the human brain an isometrically scaled-up primate brain. The Journal of Comparative Neurology(513-5), 532-541.

Drachman, D, A (2005). Do we have brain to spare? Neurology(64-12),

2004-5.

157쪽 Q. 우리나라 학생의 글쓰기 수준은 어떨까?

8) 미국교육부(2011). Writing 2011:NATIONAL ASSESSMENT OF
    EDUCATIONAL PROGRESS AT GRADES 8 AND 12. 미국 교육부
    (https://nces.ed.gov/nationsreportcard/pdf/main2011/2012470.pdf)
    미국교육부(2011). Reading 2011:NATIONAL ASSESSMENT OF
    EDUCATIONAL PROGRESS AT GRADES 4 AND 8. 미국 교육부
    (https://nces.ed.gov/nationsreportcard/pdf/main2011/2012457.pdf)
    교육과정평가원(2016). 2015년 국가수준 학업성취도 평가 주요 결과 - 중
    학교 국어. 교육과정평가원
    교육과정평가원(2018). 2017년 국가수준 학업성취도 평가 주요 결과 - 중
    학교 국어. 교육과정평가원
    교육과정평가원(2018). 2017년 국가수준 학업성취도 평가 주요 결과 - 고
    등학교 국어. 교육과정평가원
    송정윤, 김주환(2018). 중학생들의 설명문 쓰기 능력과 특징 분석 연구. 교
    육과정평가연구, (21-1), 129-151

181쪽 Q. 하버드에서는 글쓰기를 어떻게 가르칠까?

9) Sommers, Nancy. & Saltz, Laura(2004). The Novice as Expert: Writing
    the Freshman Year. College Composition and Communication(56-1),
    124-149
    하버드대학교 글쓰기 프로그램 홈페이지(writingprogram.fas.harvard.edu/)
    〈조선일보〉 기사(2017. 6. 5.) "매일 10분이라도 글 써야 생각을 하게 돼"
    〈오마이뉴스〉 기사(2008. 4. 29.) "하버드 학생들은 어떻게 글쓰기 수업을 할까?"

215쪽 Q. 즐겁게 쓰는 게 왜 중요한가?

10) 이정모(2009). 인지과학. 성균관대 출판부.

초등 글쓰기
비밀수업